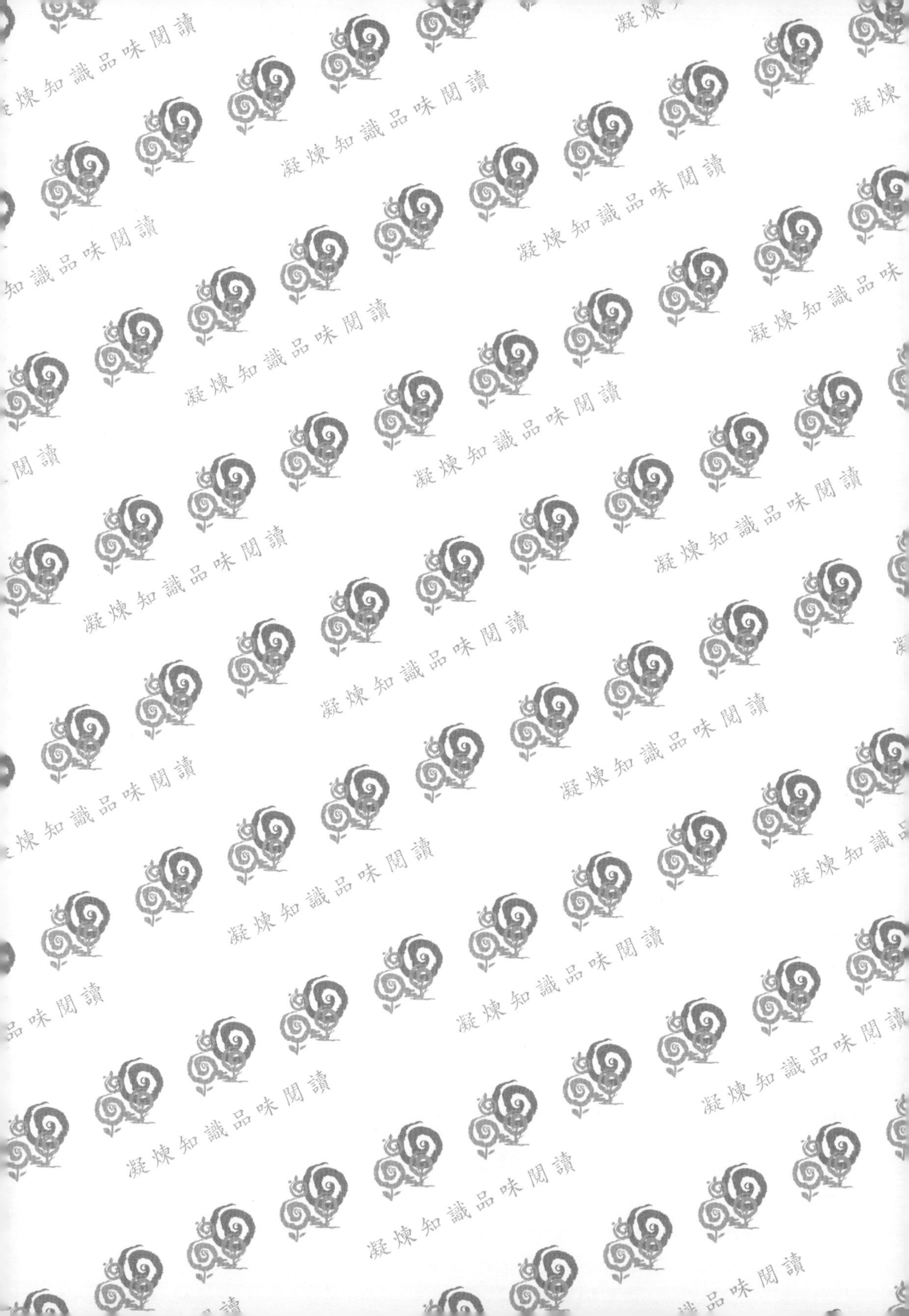
凝煉知識品味閱讀

凝煉知識品味閱讀

社區住戶與物業公司的權利與義務

陳建謀、陳俐茹 著

五南圖書出版公司 印行

序

依據中華民國統計資訊網的數據[1]，台灣都市化地區人口數已高達 15,040,763（約 1,500 萬），非都市化地區人口數爲 5,516,079（約 550 萬），都市化地區人口比例目前已高達 73%，也就是説目前約有七成左右的人口居住在有物業管理服務的都市化地區。而聯合國人口司（United Nations Population Division）公布全球最新都市化人口數據，估算 2050 年時，全球將有多達 2/3 人口（約 50 億人）居住在城市裡[2]。在台灣，估計未來將有近 9 成人口住在有物業管理服務的城市地區，物業管理對於你我的生活眞的越來越重要了！而 2021 年高雄城中城大火更加凸顯了有管委會委託專業的物業管理服務公司服務的重要性，所以深入了解優質的物業服務內容及自身權益當然也越來越重要了！這也是本書的重要目的，讓社區住户了解您應有的物業管理服務權利。

公寓大廈管理條例自民國 84 年實施多年以來經常也會在社會新聞出現社區管理上的爭議，而作者擔任台北市政府公寓大廈調解委員期間也發現管委會與區分所有權人或是區分所有權人之間彼此的

1 資料來源：https://www.stat.gov.tw/ct.asp?xItem=19104&ctNode=1313 表十一 臺灣地區聚居地、都市化地區、都會區及其以外地區人口數之比較

2 資料來源：https://www.upmedia.mg/news_info.php?SerialNo=41103

衝突與糾紛日益增多，探討其原因主要在於區分所有權人對於自身的權利與義務缺乏深入認識，所以本書在第一單元介紹社區所有權人與住户的權利與義務，針對 (1) 專有部分、(2) 共用部分、(3) 約定專用部分、(4) 約定共用部分的使用權利與限制加以說明，同時也說明所有權人與住户應有 (1) 支付管理、維護費用；(2) 遵守規約；(3) 維護公共安全、公共衛生與公共安寧；(4) 投保公共意外責任保險等義務。

筆者擔任台北市政府公寓大廈調解委員期間也發現物業管理公司與管委會或是物業管理服務人員與區分所有權人之間彼此的衝突與糾紛日益增多，探討其原因主要在於大眾對於物業管理相關公司的專業服務工作內容未能深入了解，所以本書第二單元到第六單元依序介紹與物業管理服務相關的公司應有的專業服務工作內容，包含：物業管理公司的專業服務工作內容、保全公司的專業服務工作內容、清潔公司的專業服務工作內容、機電公司的專業服務工作內容、環保公司的專業服務工作內容以及園藝等公司的專業服務工作內容。

本書透過介紹社區所有權人與住户的權利與義務讓區分所有權人了解自身應有的權利與應盡的義務，同時本書說明物業管理服務相關的公司應有的專業服務工作內容讓區分所有權人深入了解物業管理服務的專業內容，除了發揮正向的監督力量，同時更可以促進區分所有權人理解物業管理服務人員的辛勞與專業價值，讓彼此更加相互尊重與包容，促進社區溫馨和諧的成長與發展。

新冠肺炎病毒（COVID-19）自 2019 年開始擴散全球，台灣疫情一度於 2021 年 5 月 19 日進入社區傳播全台進入三級警戒，雖然指揮中心 2021 年 7 月 27 日宣布降爲二級警戒，但新冠肺炎變種病毒疫情全球嚴重仍然反覆升溫，從 Delta 變種病毒株到 Omicron 變種病毒株其傳染力不斷破新高，因此社區防疫管理已是物業服務管理公司必須具備的專業服務才能杜絕新冠肺炎病毒的社區傳播鏈，所以本書第二單元到第四單元也同時深入介紹物業管理服務相應的物業管理公司、保全公司以及清潔公司所必須提供在社區防疫管理的專業服務內容，以保障社區住户的生命安全，讓大家住的安心。

前言

在美國等物業管理發展較爲成熟的地區其社區管理委員會以有限責任公司的形式運作，運作管理嚴格規範且有相關法律可針對違法舞弊事端加以裁罰並嚴格監管，然而台灣的社區管理委員會屬民間團體，政府部門並無太多干涉與監管，再加上多數忙碌的社區住户往往對社區管理事務漠不關心並且疏於參與監管，因此讓少數心懷不軌的社區管理委員或物業經理有機會上下其手從中牟利，您每月辛苦賺錢繳交的管理費，就在大家不積極監督及參與社區管理下，被不肖委員或經理給浪費或甚至貪汙 A 走了！除此之外，多數社區管理委員會每年改選一次，委員爲義務職且多非專業人士，再加上物業管理公司爲每年簽約一次，往往主委換人物業管理公司也跟著被換掉，因此有些物業公司基本上也沒有長期經營的打算，再加上非專業又不太投入社區管理的義務職委員，往往造成社區管理品質不佳，更糟糕的還會讓您的不動產貶值。因此住在集合式社區大樓的您，有必要了解服務社區的物業、保全、清潔、機電、消防、弱電、環保、園藝等公司提供的專業服務是否到位，方能看懂社區管理門道以便能監督及參與社區管理，讓您所繳交的管理費能合理妥善運用並發揮資產增值的功效。

新冠肺炎病毒（COVID-19）擴散全球，確診病例超過上億人，死亡數超過 400 萬人。台灣疫情進入社區傳播，指揮中心 2021 年 5

月 19 日宣布全台進入三級警戒，雖然指揮中心 2021 年 7 月 27 日宣布降爲二級警戒，但新冠肺炎變種病毒疫情在全球嚴重仍然反覆升溫，所以唯有物業管理公司落實社區防疫管理的專業服務，才能保障社區住户的生命安全。

物業管理服務相關公司組織架構如下圖，本書以循序漸近的方式介紹社區物業、保全、清潔、機電、消防、弱電、園藝等公司職責相關知識，幫助新手社區住户維護社區及個人權益與生命財產安全！

物業管理服務相關公司組織架構圖

目錄

單元 1 社區所有權人與住戶的權利與義務

單元 2 物業管理公司的專業服務工作內容

Contents

單元 4 清潔公司的專業服務工作內容

單元 5 機電公司的專業服務工作內容

單元 6　環保與園藝公司的專業服務工作內容

參考文獻

單元 1

社區所有權人與住戶的權利與義務

社區管理費日益高漲，以新北市一般的行情每坪 80 元計算，50 坪的房子每月得繳 4 千元，一年得繳 4.8 萬元；以台北市的豪宅行情每坪 200 元計算，100 坪起跳的豪宅每月得繳 2 萬元，一年得繳 24 萬元！繳這麼多錢，應要搞清楚自身的權利與義務，以免權利沒享受到，不小心違反遵守規約的義務卻被罰款，甚至還有被管委會告上法院強制遷離並出讓產權的實際案例，簡直是賠了夫人又折兵！所以本單元將介紹社區所有權人與住戶應享有的權利，以及社區所有權人與住戶應遵守的義務，避免被管委會祭出「惡鄰條款」趕出社區。

課題 1.1

社區所有權人與住戶的權利

社區所有權人與住戶有哪些權利呢？

小叮嚀：繳了社區的管理費，您知道您有哪些權利嗎？法律賦予社區所有權人與住戶的權利區分為專有部分的使用權利、共用部分的使用權利、約定專用部分的使用權利與約定共用部分的使用權利。

社區所有權人與住戶有哪些權利呢？根據公寓大廈管理條例第二章住戶之權利義務之規定，茲整理法律賦予社區所有權人與住戶的權利區分爲專有部分的使用權利、共用部分的使用權利、約定專用部分的使用權利與約定共用部分的使用權利說明如下。

課題 1.1.1

專有部分的使用權利與限制

專有部分的範圍與使用上有哪些限制呢？

小叮嚀：專有部分是指您購買的居住樓層的那一戶以外牆之外緣以及鄰居共同壁之牆心為區界所劃定的範圍。住戶基本上對於專有部分擁有絕對的使用權利，但使用上仍有一些限制，例如不得任意敲除室內剪力牆與承重牆破壞建築物結構安全、不得任意變更外牆外觀，或設置廣告以及不得擅自變更使用執照所載用途。

一、專有部分的定義

專有部分是指您購買的居住樓層的那一戶以外墻之外緣以及鄰居共同壁之牆心爲區界所劃定的範圍[1]，專有部分依公寓大廈管理條例第3條第三

1 公寓大廈管理條例第56條第二及第三項規定

項定義指公寓大廈之一部分，具有使用上之獨立性，且爲區分所有之標的者。根據公寓大廈管理條例第 4 條規定區分所有權人除法律另有限制外，對其專有部分，得自由使用、收益、處分，並排除他人干涉。所以社區所有權人與住戶基本上對於專有部分擁有絕對的使用權利，但是使用時不得有妨害建築物之正常使用及違反區分所有權人共同利益之行爲的限制。

二、不得任意敲除專有部分的剪力牆與承重牆

2016 年 2 月 6 日上午 3 時 57 分發生於臺灣南部的大地震造成台南維冠金龍大樓倒塌[2]，倒塌原因據稱與其建造過程偷工減料、非法借牌給他人以及一樓牆壁被打掉有關，維冠金龍大樓在 1993 年申請建造時，1 樓 A 到 D 棟都有牆面，平均分割爲店鋪；但到了 1994 年時，就提出變更設計，5 戶被打通成 1 戶，再加上戶外有內縮式的騎樓，更使得一樓支撐的力量減弱。此外，住戶控訴燦坤房東藍太太擅自打掉大量內部隔牆和樑柱[3]，以便出租賺錢，可能也都是造成倒塌的原因。雖然台南地檢署約談「藍太太」之後發現，該內部隔牆和樑柱是在其購得該屋之前就已經被拆除，但鑒於以上維冠金龍大樓倒塌的悲慘案例教訓，千萬不要任意敲除專有部分的剪力牆與承重牆以免惹禍上身。

建築的牆體類型大致可以區分成三種：剪力牆、承重牆以及隔間牆，由於剪力牆、承重牆的構造對於建築物的結構安全有重要的貢獻，故不能因裝修需求而敲除。剪力牆又稱爲耐震壁，一般則稱作「抗震牆」或「結

2　資料來源：https://zh.wikipedia.org/wiki/%E7%B6%AD%E5%86%A0%E9%87%91%E9%BE%8D%E5%A4%A7%E6%A8%93%E5%80%92%E5%A1%8C%E4%BA%8B%E6%95%85

3　資料來源：https://newtalk.tw/news/view/2016-02-10/70089

台南維冠金龍大樓倒塌，造成 115 人死亡的悲慘案例教訓。

揭穿不法建商伎倆：台南市土木技師公會進入災區蒐證，整理出「6 大缺失」，除了偷工減料箍筋少一半、鋼筋沒有交錯，以及 1 到 4 樓沒有隔間牆等等；其中最關鍵的一點，就是以一般 16 層樓來說，法令規定高度在 50 公尺以上，必須附結構報告書審查，但維冠大樓卻故意蓋到 49 公尺，也就是說每層樓都少蓋幾公分，恐怕就是刻意規避法令，逃避審查。（資料來源：https://www.setn.com/News.aspx?NewsID=124584）

構牆」，為鋼筋混凝土打造，使用於房屋抵抗地震的結構物，剪力牆主要是目的用來承受地震中的水平力，相當於建築物的耐震牆，剪力牆最大的優點就是增加建築對水平剪力的承受度，避免因地震或其它原因造成的建築橫向結構毀壞，所以不能敲除剪力牆才能抵擋地震的剪力破壞。承重牆就是跟樑柱一起承受建築物的垂直載重，將建築物的重量傳遞到建築的基礎與地盤，係指支撐著上部樓層重量的牆體，可能是鋼筋混凝土也可以是磚造結構，所以不得敲除承重牆以免破壞建築物結構安全。隔間牆跟上述剪力牆、承重牆功能上的不同之處在於隔間牆沒有結構作用，主要用作空間的分隔，因此在裝修時可以敲除隔間牆，並不會影響建築結構安全。

民衆可以用牆壁厚度、牆壁位置以及輕敲牆壁等三個方法來初步判斷家中的牆壁究竟是屬於哪一種牆面。(1) 牆壁厚度：一般來說牆壁厚度超過 20 公分就可能爲承重牆面；而厚度超過 25 公分以上通常是剪力牆；至於不影響結構安全的隔間牆厚度大約在 10 公分左右。(2) 牆壁位置：一般而言通常建築的外牆皆爲承重牆，而相鄰的戶與戶之間的隔間牆有時也有可能是承重牆，故若因店面使用或空間使用需求要將不同的兩戶隔間牆敲除打通，必須請結構技師審愼評估簽證許可後再施工；而高層建築結構設計上通常將剪力牆放置在外牆或電梯間。(3) 輕敲牆壁：用手輕敲牆壁，若是聲音清脆有回音 , 則可能爲非承重牆，而若聲音聽起來較爲沉悶，沒有回音，則通常爲承重或剪力牆面[4]。

在裝修專有部分空間時，若需要拆除牆壁，一定要事先完全確認牆體的屬性爲非具結構功能的剪力牆與承重牆方能拆除，較保險的做法可以先向各縣市建築管理處申請調閱建築結構圖及竣工圖，提供給結構技師或建築師協助判斷是否爲剪力牆與承重牆，以保障自家安全，同時也能避免觸法。

三、專有部分不得擅自變更使用執照所載用途

擅自在住宅區任意設立餐廳、KTV、酒廊等人員出入複雜的場所，完全違反使用執照所登載之用途，不但影響其他住戶的生活安寧，更可能造成火災等嚴重影響生命財產安全的意外，目前所發生多起公衆場所的嚴重火災，不少即是此類擅自變更使用用途所造成，例如發生於 1995 年 2 月 15 日晚間 7 時衛爾康餐廳大火，該餐廳由於位居住宅區，依規定

4　資料來源：https://www.100.com.tw/article/3058

營業面積不得超過三百平方公尺而且限於一樓營業，不料該餐廳以合法掩護非法，擅自改裝二樓爲 KTV，而且從改裝到火災發生期間從未被聯檢小組登門安檢，故市府及權責單位均沒有該餐廳的聯檢資料，以致在消防隊員滅火期間未特別留意，且餐廳員工宣稱二樓顧客都已經疏散，直到消防隊員進去搶救時才赫然發現二樓倒臥層疊堆起的一堆罹難者，全聚集在窗邊，因樓梯被大火隔絕造成二樓客人無法下樓梯逃生，所以餐廳員工誤以爲二樓客人都已疏散。當時上二樓去的消防隊員喊：「二樓有人。」樓下同仁問：「有幾人？」他哀嘆說：「喔，一堆人！」[5]清查發現 37 人擠窗口求生無門，形成焦屍相互堆疊的人間煉獄，由於困在 2 樓的顧客曾試圖破窗逃生，然而店內使用強化玻璃，必須從角落敲擊才能破壞，無奈人們尚未熟悉要領，就算用椅子猛砸也無法敲破玻璃，最後堆疊在窗戶前慘死，驚悚一幕讓救難人員震撼不已[6]。這就是違法使用所造成無法挽回的嚴重悲劇後果！

依據公寓大廈管理條例第 15 條規定：「住戶應依使用執照所載用途及規約使用專有部分、約定專用部分，不得擅自變更。住戶違反前項規定，管理負責人或管理委員會應予制止，經制止而不遵從者，報請直轄市、縣（市）主管機關處理，並要求其回復原狀。」因此專有部分不得擅自變更使用執照所載用途，以免違法挨罰又造成重大人命傷亡慘劇。

5 資料來源：https://zh.wikipedia.org/wiki/%E8%A1%9B%E7%88%BE%E5%BA%B7%E9%A4%90%E5%BB%B3%E5%A4%A7%E7%81%AB

6 資料來源：https://www.ctwant.com/article/106378

台中衛爾康餐廳違法使用，造成 64 人死亡的悲慘案例教訓。

揭穿違法使用伎倆：台中衛爾康餐廳以合法掩護非法，擅自改裝二樓為 KTV，從未被聯檢小組登門安檢以致發生火災時 37 人擠窗口求生無門，形成焦屍相互堆疊的人間煉獄。

資料來源：https://www.ctwant.com/article/106378

四、外牆面雖屬於專有部分但不得變更其外觀或設置廣告或鐵窗

外牆面依據專有部分的定義是屬於區分所有權人的專有部分的範圍，但是要特別注意的是依照公寓大廈管理條例第 8 條第 1 項規定「公寓大廈周圍上下、外牆面、樓頂平臺及不屬專有部分之防空避難設備，其變更構造、顏色、設置廣告物、鐵鋁窗或其他類似之行為，除應依法令規定辦理外，該公寓大廈規約另有規定或區分所有權人會議已有決議，經向直轄市、縣（市）主管機關完成報備有案者，應受該規約或區分所有權人會議決議之限制。」因此外牆面使用不可以因為是專有部分而任意變更其外觀

或設置廣告，使用上仍應受限制。

基本上最常遇到的問題是裝設鐵鋁窗的合法性，從公寓大廈管理條例第 8 條第 1 項字面上的規定好像只要在區分所有權人會議決議並於規定統一樣式的鐵鋁窗於規約，經向直轄市、縣（市）主管機關完成報備有案者，就是合法的鐵鋁窗，但這是錯誤的，台北市、新北市及桃園市這 3 個縣市若是房屋建照於 2006 年以後核發者，若要在陽台加裝鐵鋁窗一律是違法行爲，以台北市爲例，台北市違章建築處理規則的第十條規定：領有使用執照之建築物，二樓以上陽臺加窗或一樓陽臺加設鐵捲門、落地門窗，且原有外牆未拆除者，應拍照列管。但建造執照所載發照日爲民國

台北市、新北市及桃園市三都的房屋建照於 2006 年以後核發者，在陽台加裝鐵鋁窗將被視為違建，被舉報會被拆除。

合法裝設防墜設施的條件：家中有 12 歲以下小孩或 65 歲以上老人可善用公寓大廈管理條例第 8 條規定，外牆開口部或陽臺得設置不妨礙逃生且不突出外牆面之「防墜設施」，以免發生墜樓幼兒意外。

圖片來源：https://fnc.ebc.net.tw/FncNews/house/6326

九十五年一月一日以後，其陽臺不計入建蔽率、容積率者，應查報拆除。所以在 2006 年以後核發建照者，民眾若要在陽台上加裝窗戶、鐵捲門、落地門窗，都會被視為樓地板的增加行為，一律均會被查報拆除[7]。

但唯一一種例外情況是家中有 12 歲以下兒童或 65 歲以上老人之住戶，依據公寓大廈管理條例第 8 條規定，外牆開口部或陽臺得設置不妨礙逃生且不突出外牆面之「防墜設施」。因此家中有 12 歲以下小孩或 65 歲以上老人可善用此條例以免發生墜樓意外。但應注意的是防墜設施設置以後，當設置理由消失時區分所有權人應予改善或回復原狀。

五、專有部分的修繕或裝潢注意事項

另外！專有部分的修繕或裝潢也要特別注意！尤其是居住在雙北市的社區或公寓在進行大規模室內裝修時，最好依法申請室內裝修許可證，以免遭人檢舉而被罰款，或被勒令停工或被拆除而得不償失。根據「建築物室內裝修管理辦法」規定[8]，除了清除壁紙、壁布、窗簾、家具、活動隔屏、地氈等之黏貼及擺設不用申請外，建築物室內固著於建築物構造體之天花板裝修、內部牆面裝修、高度超過地板面以上一點二公尺固定之隔屏或兼作櫥櫃使用之隔屏裝修和分間牆變更，都需要委託領有專業技術證照的建築師、室內設計師、土木工程技師或結構工程技師協助申請室內裝修許可證。

7　資料來源：https://news.591.com.tw/news/3229

8　建築物室內裝修管理辦法第 3 條。

課題 1.1.2 共用部分的使用權利與限制

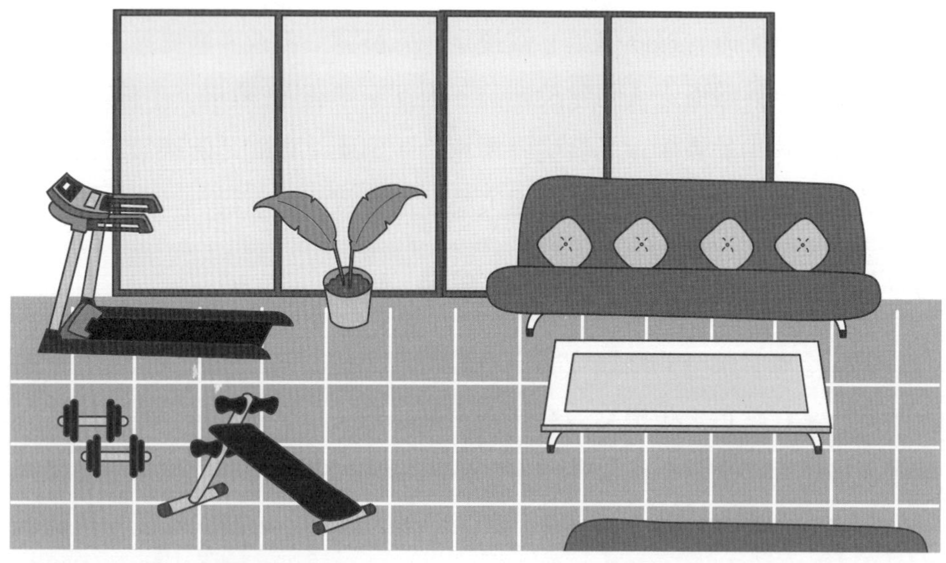

共用部分的使用上有哪些限制呢？

小叮嚀：共用部分指公寓大廈專有部分以外之其他部分及不屬專有之附屬建築物。住戶基本上對於共用部分擁有合法的使用權利，但使用上仍有一些限制例如不得私自占為己用、封閉逃生通道、堆放雜物、違法二次施工變更用途等違法行為。尤其注意不要買共用部分有二次施工的建案，以免原本豪華的迎賓大廳被當違建拆除，除了權益受損還造成資產貶值。還有切記不要私自在自家門口公共空間安裝監視器以免觸法。

一、共用部分的定義

公寓大廈管理條例第 3 條第 4 款定義：「共用部分指公寓大廈專有部分以外之其他部分及不屬專有之附屬建築物，而供共同使用者。」所以共用部分是指專有部分以外的附屬建築，而可共同使用的部分，一般來說包含一樓的大廳、電梯出來的梯廳、花圃、游泳池、健身房、KTV、俱樂部等公共設施、屋頂或其他住戶可共同使用的空間，視住戶購買房屋時的契約而定。

公寓大廈管理條例第 9 條規定各區分所有權人按其共有之應有部分比例，對建築物之共用部分及其基地有使用收益之權。但另有約定者從其約定。住戶對共用部分之使用應依其設置目的及通常使用方法爲之。但另有約定者從其約定。前二項但書所約定事項，不得違反公寓大廈管理條例、區域計畫法、都市計畫法及建築法令之規定。所以共用部分的使用必須遵守前列法令，不得有私自占爲己用、堆放雜物、違法二次施工變更用途等違法行爲。

二、不可強占地下室共用部分的公共空間為私人停車位

新北市某社區就發生地下室共用部分的公共空間被建商強占爲私人停車位出租牟利的違法行爲的案例，如下圖所示在地下室三樓梯廳出口旁邊的空間，地上並未劃設停車格，但牆壁卻貼一張車位編號，還停著一輛車，很顯然是強占地下室共用部分的公共空間爲私人停車位的違法行爲，但令人納悶的是管委會爲何縱容如此違法離譜的行徑呢？據了解該管委會執法嚴格，連在自家門口放拖鞋都會被管委會開單舉報建管處開罰，但卻縱容建商霸占共用部分的公共空間爲私人停車位出租牟利，形成相當諷刺的對比。

詳細探討發生如此荒腔走板的離譜行徑的原因，在於該社區管委會僅有 7 位委員都已經被建商把持了！原本該建商霸占共用部分的公共空間是供社區親朋好友來訪臨時停車使用，管委會在社區群組貼出建商將在該位置畫設停車格並出租牟利時引起社區住戶高度反彈，豈料在大家議論紛紛

時，社區的監察委員立刻跳出為幫建商說話，監委在群組說這本來就是建商的產權，因為沒有進行二次施工把梯廳縮小所以沒有畫停車格，還附上預售時有停車編號的平面圖當附件，離譜的行徑簡直令人吐血，這種人哪有資格當監委，完全沒有依法查證就完全偏袒建商。如果這是合法的停車位，竣工圖上一定會有這個停車位，建商早就畫好停車格了！哪會等到交屋三年後再來畫停車格，這一看就知道顯然是違法霸占共用部分的公共空間！

本案例中建商利用偽造的二次施工後平面配置圖，將不合法的車位畫圖秀在平面圖上的公共區並放置於買賣合約書中，企圖蒙騙所有住戶相信這違法車位產權是建商的，要揭穿這種惡質建商最簡單的方法，就是去建管處把當初政府核准建照的圖說調出來看就可揭穿其謊言。

建商原本要找人來畫停車格，但遲遲沒來畫，細究其原因在於住戶強烈反彈且畫停車格會被告上法院或建管處，其實管委會心知肚明這是違法的行為，理論上如果管委會不同意建商違法霸占共用部分的公共空間，這違法停車的車子根本就不可能進的了社區的大門，關鍵在於整個管委會被建商把持，主委、財委及監委都聽命於建商，因此縱容建商違法亂紀，所以住戶一定要積極監督管委會並參與會議，並慎選委員才能保障自己的權益！否則自己花錢買的共用部分的公共空間卻要拱手送給建商賺錢，豈不是一頭牛被剝兩層皮，簡直是虧大了！

管委會被建商把持，建商霸占共用部分的公共空間為私人停車位出租牟利。

揭穿不法建商伎倆：基本上所有合法停車位都會出現在竣工圖上，所以交屋後 3 年沒畫停車格的公共空間就不太可能是合法車位，該個案建商利用偽造的二次施工之車位配置圖放置於買賣合約書中，企圖蒙騙所有住戶，要揭穿這種惡質建商最簡單的方法，就是去建管處把當初政府核准建照的圖說調出來看就可揭穿其謊言。

三、不可私自於頂樓加蓋建築物或封閉逃生通道

臺灣集合住宅中，有時候會約定屋頂平台由頂樓住戶使用管理，此性質屬於共有物的分管契約，惟屋頂平台之構造設計有其原有功能，不容任意加蓋建築物，影響全棟建築物之景觀及全體住戶居住之安全。亦即區分所有人就共有部分有專用權者，「仍應本於共有物本來之用法，依其性質、構造使用之，且無違共有物之使用目的始爲合法」；又按物之使用，乃指依物之用法，不毀損其物體或變更其性質，以供吾人需要而言，而大樓樓頂平台之用途，一般作爲火災之避難場、電梯之機械室、屋頂之出入口、避雷針、共同天線、火災時之通路，如住戶於屋頂平台加蓋建物，影響全建築物之景觀及住戶之安全，已達變更屋頂之用途或性質，自非適當，共有人爲全體共有人之利益，自得本於所有權請求除去之（參照最高法院 80 年度台上字第 1104 號判決、最高法院 82 年度台上字第 1802、2284 號判決、最高法院 92 年度台上字第 41 號判決、臺灣高等法院 93 年度上字第 111 號民事判決、公寓大廈管理條例第 8 條第 1 項）。[9]

刑法第 189 條之 2 第 1 規定：「阻塞戲院、商場、餐廳、旅店或其他公衆得出入之場所或公共場所之逃生通道，致生危險於他人生命、身體或健康者，處三年以下有期徒刑。阻塞集合住宅或共同使用大廈之逃生通道，致生危險於他人生命、身體或健康者，亦同。因而致人於死者，處七年以下有期徒刑；致重傷者，處五年以下有期徒刑。」所以頂樓住戶不可於頂樓加蓋建築物或封閉逃生通道以免觸法。

---

9 https://mypaper.pchome.com.tw/ddkk345/post/1325401743

雜物放樓梯　逃生機會低

私自於頂樓加蓋違建築物或封閉逃生通道被檢舉移送工務局下場就是違建被拆除以及收到一張 20 萬元罰單。

實際案例：高雄城中城大火後，市長陳其邁責成副祕書長郭添貴於 110 年 10 月 22 日率領消防局、工務局、違建隊、民政局、環保局及警察局等局處同仁，針對七賢二路等 6 棟老舊大樓，強力排除嚴重阻礙逃生動線之障礙，由指揮官下令違建隊同仁手持破壞機具敲除障礙物，郭添貴表示高雄市先前已完成體檢 34 棟老舊大樓避難逃生動線之障礙排除，第二波再針對 6 棟強力排除，其中七賢一路愛生大樓、七賢二路白光大樓及鳳山區南榮路等 3 棟建物擅自隔間影響逃生通道、樓梯私設鐵門等影響逃生避難動線，嚴重影響民眾生命財產安全，市府強力執行絕不手軟。

資料來源：https://newtalk.tw/news/view/2021-10-22/654907

四、不可在樓梯間、梯廳或走道堆放雜物

根據公寓大廈管理條例第 16 條第 2 項規定，「住戶不得於私設通路、防火間隔、防火巷弄、開放空間、退縮空地、樓梯間、共同走廊、防

空避難設備等處所堆置雜物、設置柵欄、門扇或營業使用，或違規設置廣告物或私設路障及停車位侵占巷道妨礙出入」。因此若住戶於室內樓梯間、梯廳及共同走道違規擺設雜物，除了妨礙住戶出入外，嚴重者恐影響公安及消防救災逃生，依法可處 4 萬至 20 萬元，並能連續處罰。所以不可在樓梯間、梯廳或走道堆放雜物以免觸法。

公共走道堆滿雜物可以被開罰
四萬元以上二十萬元以下罰鍰

自家門口擺鞋櫃被管委會檢舉移送工務局下場就是收到一張 4 萬元罰單。

實際案例：桃園某社區大樓住戶，被桃園市工務局開出一張 4 萬元罰單，理由是堆放雜物妨礙逃生；該住戶不服而打行政官司，雖然桃園地院一審認為鞋櫃不是雜物且不妨礙通而判免罰，但是，台北高等行政法院推翻一審判決，認為鞋櫃是雜物，所以住戶應該要受罰，只要住戶堆放物品於樓梯間都屬違法，判決住戶敗訴定讞。

資料來源：https://house.ettoday.net/news/964215#ixzz7CxXYvJP9

五、不要買共用部分有二次施工的建案

依據建築技術規則之中的建築設計施工編第 59 條之 2，鼓勵建築物增設營業使用的停車空間，直轄市、縣市可另定鼓勵要點，政府會給予額外樓地板面積作爲獎勵，因此有很多建商都會申請建築物增設停車空間以獲得容積獎勵，可以多蓋樓地板來多賣幾戶。但有部分不肖建商享受容積獎勵，將多出的車位對外出售，藉此增加獲利後，並爲提高賣相，吸引買家，還將部分車位在建管單位審查完後馬上透過違法二次施工，將原本位於一樓的車位改建爲美輪美奐的圖書室、交誼廳及中庭花園等公設來吸引民眾購買其建案。建商將增設停車空間獎勵措施、非法變更使用的問題，最嚴重的是一樓大廳或地下室，開放空間與獎勵車位違建，這些違建一經檢舉查報後將面臨拆除的下場，最倒楣的是住戶，建商縱使被罰款，金額也只是 3-60 萬，不到一坪的價格，建商透過容積獎勵多賣幾戶早已多賺數億，罰個幾十萬根本就不痛不養。但反觀社區住戶，原本美輪美奐的社區接待大廳若是被拆除改回停車位，人員進出不方便且有安全上的疑慮，不僅整個社區外觀看起來四不像，更會讓社區房價跌價，所以千萬不要買共用部分有二次施工的建案。

雖然備受爭議的「獎勵停車位」容積獎勵措施，該法規施行至 2012 年 12 月 31 日爲止。目前新建案已無此獎勵措施，但中古屋市場買賣，還是可能會買到獎勵車位違法二工的建案，因此，一般消費者若要避免於不知情的情況下購屋而受損害，可於在購屋前，核對「使用執照核准圖說」與「現況平面圖」是否相符合，以便事前防範，如此便可免於被不肖業者，蓄意隱瞞或矇騙。

建商違法二次施工將「獎勵停車位」改建為美輪美奐的交誼廳以吸引民眾購買其建案。

實際案例：台北市府 2013 年全面清查新建大樓獎勵停車位違規使用，並對違規大樓的所有權人及管委會開罰。凡被查有將獎勵停車位挪為他用者，台北市政府均通知違規行為人限期 3 個月內恢復原狀，或依「台北市建築物附設停車空間四項登錄列冊暫免罰鍰執行方式」向市府提出申請，否則將處以新台幣 6 萬元以上 30 萬元以下罰鍰。

資料來源：http://blog.udn.com/wong2006/7534038

六、不要私自在自家門口公共空間安裝監視器以免觸法

有些人以防盜爲理由私在自家梯間或門口的公共空間安裝監視器，但最終往往落得吃上侵害他人隱私權的官司，而且監視器還得強制拆除，除了吃上官司被罰款，還得多花一筆費用請人來拆除監視器，眞是得不償失。依據公寓大廈管理條例第 11 條第 1 項的規定：「共用部分及其相關設施之拆除、重大修繕或改良，應依區分所有權人會議之決議爲之」，因此依上開條文可知，若要合法裝設監視器，必須要經過區分所有權人會議之決議才可以。

私自在自家梯間或門口的公共空間安裝監視器，但未徵得區分所有權人會議同意，最終被控侵害他人隱私權又被判罰款。

實際案例：新北市一名王姓男子，因為在自家門口外的公寓走廊裝設監視器，而被對面住戶以其裝設監視器並未經區分所有權人決議，且已侵害其隱私權為由，請求法院命其拆除監視器併同請求精神慰撫金。由於裝設的位置，是在公寓走廊上、自家門口的右前方，故該裝設位置乃屬於該公寓之「共有部分」。法院判處該名男子應將監視器拆除，並應賠償對面住戶 50000 元之精神慰撫金，全案定讞。

資料來源：https://www.thenewslens.com/article/135594

課題 1.1.3

約定專用部分的使用權利與限制

約定專用部分的使用上有哪些限制呢？

小叮嚀：約定專用部分指公寓大廈共用部分經約定供特定區分所有權人使用者。住戶基本上對於約定專用部分擁有合法的使用權利，但使用上仍有一些限制例如露台須配合大樓外牆清洗使用且不能私自增建及搭設棚架。另外要注意的是！「約定專用」部分會增加房價（約購買房價每坪的三分一價格依坪數計算併入房屋總價），但沒有所有權故無須繳交管理費。

一、約定專用的定義

公寓大廈管理條例第 3 條第 5 款定義：「約定專用部分指公寓大廈共

用部分經約定供特定區分所有權人使用者。」「約定專用」部分，就是大家的東西，變成只有你一個人可以使用，例如常見像是露台、花台、一樓庭院等，因只有比鄰的戶別可以進出，因此將該區塊爲特定戶別的「約定專用」。其他如地下停車位或地下室空間，經過住戶約定只讓某特定人或住戶使用也是屬於約定專用。

二、購買「法定停車位」應注意登記方式是「大公」或「小公」

一般大樓的停車位可區分爲三種：「法定停車位」、「自行增設停車位」及「獎勵增設停車位」。其中「法定停車位」屬於「公設」的「約定專用部分」，而「自行增設停車位」與「獎勵增設停車位」皆有獨立產權、權狀，可單獨移轉，所以並不屬於「約定專用部分」。

所謂「法定停車位」，是指依「都市計畫書、建築技術規則建築設計施工編第五十九條」及其他有關法令規定所應附設之停車位，又稱防空避難室兼停車位。「法定停車位」無獨立權狀，是有買車位的住戶共同擁有持分，且依分管協議或約定專用給特定住戶使用，所以「法定停車位」是屬於公寓大廈管理條例第 3 條第 5 款之「約定專用部分」。也就是說，法定停車位本質上屬於公寓大廈全體區分所有人之「共用部分」，而經約定供特定區分所有權人使用[10]。行政院消保處於 2020 年 12 月宣布，爲了配合民法第 799 條第 4 項修正[11]內容明定停車空間爲「共用部分」，所以已

---

[10] http://blog.udn.com/amisay168/119427428

[11]《民法》第 799 條第 4 項規定：各區分所有權人可分配土地及共有部分應以「專有部分」面積比例計算，而公寓大廈「專有部分」包含主建物（客廳、臥室等）及附屬建物（陽台等），「共有部分」則爲停車空間、門廳、走道、樓梯等，因此將預售屋買賣契約中的停車位做「約定專用」，即設定專用使用權給買方，等於停車位買再多，也無法分配到更多土地持分。

審查完成「預售屋買賣定型化契約應記載及不得記載事項」部分規定修正草案，全案經內政部公告後於2021年1月1日開始施行，往後預售屋「法定停車位」將計入「共用部分」之「約定專用」，最大變革是預售屋「法定停車位」不分配土地持分，此舉跟現行實務影響不大，唯一的好處是可避免日後都更爭議。

依照內政部民國80年9月18日台內營字第8071337號函釋，「法定停車位」依其登記方式可區分爲「大公」及「小公」，民國80年9月18日以後新申請建造執照者，其法定停車空間均須以「共用部分」方式辦理登記，產權由全體住戶所共有（即一般俗稱的「大公」）或經由合議由部分住戶共有（即一般俗稱的「小公」），不想要車位之住戶就不需分攤持分。由於法定停車位無法取得獨立權狀，故僅能賣給該公寓大廈之區分所有權人，不得賣給其他人。

一般停車位若登記爲「大公」，可能有以下兩種使用管理狀況：(1) 停車空間由管委會接管，欲停車之住戶再向管委會以承租方式獲得停車位的使用權，而不是將車位賣給特定區分所有權人；(2) 車位賣給特定區分所有權人，該特定人因有購買停車位，故「大公」的持分較多，該特定人間除了要簽訂分管契約書外，也要與未買車位之人另簽訂分管契約書。所以車位若登記在「大公」內，是由所有住戶共同持有產權，屬於共有專用，購買車位需查明是否記錄車位編號、屬於哪一戶專用，如果想要出租，則須視管委會對於車位有無分管協議，若協議裡明文限制不得出租、限所有權人停車，車位所有權人也僅能乖乖遵守，同時登記在「大公」的「法定停車位」產權移轉限制爲不可單獨移轉。

車位若登記爲社區「小公」，則由部分住戶共同持分管理，購買後雖然擁有產權，但並不擁有單獨權狀，若未來要買賣，不能與主建物拆開獨立出售，但可單獨轉售給同大樓住戶。

在實務上有一個案例「明明花錢買了車位，最後卻變成一場空！」關鍵就在於表彰「法定停車位」權利的「大公或小公」持分未依法定程序辦理移轉」[12]：甲君明明花錢向鄰居乙君買了一個「法定停車位」，也有拿到大樓管委會發的車位使用證，使用一段時間後，原來購買車位的鄰居乙君因房產被法拍搬走，新搬來的住戶丙君說，他才是車位所有權人，去法院告甲君占用車位，法官還判甲君輸，必須把車位歸還給丙君。探討甲

花錢買了登記在「大公或小公」的「法定停車位」，未依法定程序移轉表彰車位權利的「大公或小公」的持分，最後是一場空。

實際案例：甲君向乙君購買「法定停車位」，已簽訂買賣契約並持有《車位使用權利證明書》，但乙君房產被法院拍賣被丙君得標買下，由於甲君當時未依法定程序要求乙君辦理移轉表彰車位權利的「大公或小公」的持分給甲君，因此法院將車位產權判給丙君。

---

12 https://www.thenewslens.com/article/151877

君爲何會在官司落敗，究其原因在於甲君雖然取得了「車位使用權利證明書」，但是甲君大樓的停車位，是用所謂「大公或小公」持分去表彰停車位所有權的類型，甲就必須要求乙將表彰車位權利的「大公或小公」的持分一起移轉給甲，不能只有交付大樓《車位使用權利證明書》，這樣車位使用權移轉是沒有法律效力的。因此，雖然甲、乙之間有車位買賣契約，且甲也有使用權利證明書，但眞正取得車位的所有權表彰的「大公或小公」持分的人，就是透過法拍程序取得乙君不動產建物的丙君。所以，最終法院將車位的所有權判給丙君。

三、露台須配合大樓外牆清洗使用且不能私自增建及搭設棚架

露台雖是約定專用，但是使用上還是有一些限制，除了不能私自增建及搭設棚架遮蔽露台外，依據公寓大廈管理條例第 6 條第 2 款規定：「他住戶因維護、修繕專有部分、約定專用部分或設置管線，必須進入或使用其專有部分或約定專用部分時，不得拒絕。」所以，在低樓層的露台有時會遇到大樓外牆清洗時須借用露台放置外牆清洗設備或吊掛設備時，不得拒絕大樓外牆清洗人員進入以及使用露台。

雖然「約定專用」不能增建或安裝固定式棚架，但若有安全上的疑慮想加裝活動式遮雨棚防止高樓墜落物掉落傷人，由於「約定專用」區塊所有權因屬於全體住戶，故可以向管委會以安全防護爲理由徵得管委會同意後再行裝設。但要注意的是若是要安裝固定式棚架，即使管委會同意，也須注意被舉報違建的疑慮，雖然現行法規 9 坪以下屬於列管，沒有立即拆除之必要，但若先依法申請執照，就可以避免被認定違建的可能。

大樓外牆清洗示意圖

露台涉及擅自增設違建水池照片

露台使用須遵守公寓大廈管理條例第 6 條第 2 款規定，應配合大樓外牆清洗或修繕使用且不得私自增建及搭設棚架。

實際案例：藝人羅志祥在台北市內湖某社區所有建物之露台涉及擅自增設違建水池一座，經建管處函文該住戶配合領勘，於 109 年 12 月 11 日入內勘查後確認，該增設游泳池面積約為 14.82 平方公尺（5.7m*2.6m），建管處勘查人員現場已要求切結於 109 年 12 月 30 日前全部拆除完畢報驗。

資料來源：https://news.cts.com.tw/cts/entertain/202012/202012112023767.html

四、「約定專用」部分會增加房價但沒有所有權無須繳管理費

通常在買預售屋或新成屋時，簽約時也同時簽「分管契約」，並且附上平面圖示標明「約定專用」區塊位置及爲哪一戶專用。專用住戶只會擁有使用權，並沒有所有權，須自己負責「約定專用」部分之修繕、管理、維護，因此針對「約定專用」部分無須再繳管理費。另外，「約定專用」不會計算到權狀面積裡，但是羊毛出在羊身上，所以實際上還是得花錢買，以露台來說每坪價格通常爲一般住宅單價的 1/2 到 1/3 價格，因此會灌入房價的總價，故房屋單價會比一般同坪數的價格高。

課題 1.1.4
約定共用部分的使用權利與限制

約定共用部分的使用上有哪些限制呢？

小叮嚀：約定共用部分系指公寓大廈專有部分經約定供共同使用者。住戶基本上對於約定共用部分擁有合法的使用權利，但使用上仍有一些限制，例如法定騎樓不能隨意停放機車跟擺攤，否則會被警察開罰單，且騎樓不能裝設任何台階或鐵門等阻礙物。另外要注意的是！若是「私設騎樓」是屬於私有產權，就可以擺攤且不會被警察開單。

一、約定共用的定義

公寓大廈管理條例第 3 條第 6 款定義：「約定共用部分：指公寓大廈專有部分經約定供共同使用者。」例如某住戶所有並持有的走道，經大家約定要提供給大家共同使用，最常見的就是一樓的騎樓空間，其他像是大樓管理室若原本是專用部分經約定同意提供給大家共同使用，也是約定共用。

二、法定騎樓不能隨意放物品停車跟擺攤

一般騎樓有兩種，一種叫法定騎樓，另一種是私設騎樓，台北市已經很少有私設騎樓了，絕大多數是法定騎樓，法定騎樓法定騎樓應供不特定人通行使用，應爲公寓大廈共同部分或約定共同部分，不能隨意放物品停車跟擺攤。此外！建築物設置法定騎樓係供公衆通行之用，建築技術規則設計施工編第 57 條第 2 款已有明定，騎樓不得裝設任何台階或阻礙物。騎樓地設置鐵捲門阻礙騎樓通暢，妨礙公共交通，除得依「道路交通管理處罰條例」處理外，亦可以依違章建築處理辦法之規定辦理，也就是說在法定騎樓裝設任何台階或阻礙物都會被拆。

中南部仍有不少私設騎樓，這種私設騎樓是私有產權，但是它並不是「依法」留設的騎樓，而是當初起造人自行留設的，在公法上僅能「勸導」留供公衆通行使用，尙無強制處分的餘地。所以擁有所有權的店面房東或

是一樓住戶，會把私設騎樓圍起來或是半開放租給生意人做生意，警察也不會來開罰單。

騎樓使用上應注意是「法定騎樓」或是「私設騎樓」，「法定騎樓」不能隨意放物品停車跟擺攤；「私設騎樓」可以擺攤且不會被警察開單。

實際案例：夏男在新北市某騎樓擺麵攤，2020 年 5 月到 2021 年 4 月間一直被民眾檢舉，新店警分局認定他違反道路交通管理處罰條例「未經許可在道路擺設攤位」，總共開出 29 張 1500 元罰單，罰鍰總金額達 4 萬 3500 元。夏男提告抗罰，主張擺攤地點是「庇廊」而非騎樓，新店警分局抗辯，騎樓與庇廊均指建築物地面層外牆面至道路境界線間的空間，習慣上統稱為騎樓，且該處屬於市府騎樓整平計畫的一部分，供不特定人來往通行已達 30 年以上，應屬「供公衆通行之地方」，夏男確實違規。台北地院行政訴訟庭不採信，仍認定他違規。

資料來源：https://www.chinatimes.com/realtimenews/20210802002256-260402?chdtv

課題 1.2

社區所有權人與住戶的義務

社區所有權人與住戶有哪些義務呢？

小叮嚀：法律規定社區所有權人與住戶應遵守的義務區分為：(1) 支付管理、維護費用的義務；(2) 遵守規約的義務；(3) 維護公共安全、公共衛生與公共安寧的義務；(4) 投保公共意外責任保險的義務。

社區所有權人與住戶有哪些義務呢？根據公寓大廈管理條例第二章住戶之權利義務之規定，茲整理法律規定社區所有權人與住戶應遵守的義務區分爲：(1) 支付管理、維護費用的義務；(2) 遵守規約的義務；(3) 維護公共安全、公共衛生與公共安寧的義務；(4) 投保公共意外責任保險的義務說明如下。

課題 1.2.1

支付管理、維護費用的義務

一樓店面從不使用電梯及公共設施可以拒交管理費嗎？沒繳管理費管委會可以對住戶鎖卡斷水斷電嗎？

小叮嚀：千萬不可因為對管委會有意見或因位在一樓從不使用電梯及公共設施而拒絕交管理費，因為根據公寓大廈管理條例第 21 條及 22 條，管理委員會有權訴請法院命其給付應繳之金額及遲延利息，甚至以拍賣房屋的方式來強制支付管理費，所以千萬不要因小失大，以免管委會把您的房產拍賣支付管理費。若是沒有繳交管理費，管委會是不可以對住戶的電梯鎖卡，或是斷水斷電，因為公寓大廈管理條例並未賦予管理委員會有禁止住戶使用其所有權之權利，故擅自阻止住戶進入及斷水斷電行為，已經觸犯刑法上妨害他人行使權利強制之罪名，是不被容許的作為。

一、繳納大樓管理費的法源依據

根據公寓大廈管理條例第 10 條規定：「共用部分、約定共用部分之修繕、管理、維護，由管理負責人或管理委員會為之。其費用由公共基金支付或由區分所有權人按其共有之應有部分比例分擔之。」這就是管理委員會可以請求住戶繳納大樓管理費的法源依據。

二、法拍屋得標者應留意法拍前所積欠管理費是否有繳納義務

公寓大廈管理條例第 24 條規定：「區分所有權之繼受人，應於繼受前向管理負責人或管理委員會請求閱覽或影印第 35 條所定文件，並應於繼受後遵守原區分所有權人依本條例或規約所定之一切權利義務事項。」所以管委會一般會用「公寓大廈管理條例第 24 條」規定來向法拍屋繼受人請求積欠的管理費，但區分所有權之繼受人，其無論係經由自由交易買賣方式或經由法院拍賣取得，因對於前手積欠之管理費用或其他應分擔費用並無從知悉。因此內政部 86 年 2 月 26 日台內營第八六七二三〇九號函針對原區分所有權人欠繳管理費新繼受人是否需繳納爭議解釋：(1) 按本條例第 39 條第 1 項第 6 款係屬直轄市、縣（市）主管機關對於欠繳函共基金之區分所有權人或住戶行使罰鍰之行政處分規定，而非管理委員會執行追繳公共基金之依據，合先敘明。(2) 本案除過戶後之新區分所有權人已參照民法第 300 條或第 301 條規定，訂定債務承擔契約，原為原區分所有權人代為清償所欠之公共基金外，應依本條例第 21 條規定辦理，不得逕向新區分所有權人請求繳納之。

所以根據以上的解釋函可以知道，除非新區分所有權人已參照民法第 300 條或第 301 條規定，訂定債務承擔契約，否則管委會並不能依據「公寓大廈管理條例第 24 條」規定來向新區分所有權人請求支付積欠的管理

費。所以法拍屋債務人積欠社區管理費，是否該由法拍屋拍定人負責繳納積欠的管理費，關鍵在於拍賣公告內容是否載明由拍定人承擔積欠的管理費，茲列舉說明如下：

(1) 拍賣公告載明由拍定人承擔：只要拍賣公告有具體載明積欠的管理費由拍定人承擔則拍定人就必須承擔支付積欠的管理費。（臺中地院八十九年度訴字第二〇二二號判決參照）

(2) 拍賣公告未載明由拍定人承擔：只要拍賣公告有沒有載明積欠的管理費由拍定人承擔則拍定人就無須承擔支付積欠的管理費。（臺北地院

法拍屋在法拍前所積欠的管理費，得標者是否有繳納義務呢？

判斷標準：只要拍賣公告有具體載明積欠的管理費由拍定人承擔，則拍定人就必須承擔支付積欠的管理費。相反的，只要拍賣公告沒有載明積欠的管理費由拍定人承擔，則拍定人就無須承擔支付積欠的管理費。

資料來源：https://ea00336.pixnet.net/blog/post/48412444

九十二年度訴字第五〇〇九號判決、高雄地院八十九年度小上字第一四二號判決參照）

三、管理費調漲須經區分所有權人大會通過且應符合適當性、必要性、比例原則與平等原則

依據公寓大廈管理條例第 18 條第 1 項第 2 款、第 3 項規定，區分所有權人繳納管理費即公共基金之標準，須依區分所有權人會議之決議爲之，所以調整管理費必須召開區分所有權人會議，且應有住戶至少 3 分之 2 以上出席，出席數 4 分之 3 以上同意，才可以調漲管理費，若未經由區分所有權人大會決議確認則不具法律效力。

而且如果要調漲管理費用，仍應符合適當性、必要性、比例原則、平等原則，否則調漲管理費的決議雖然已經通過區分所有權人大會決議，但若經住戶向法院提起訴訟會，仍可能被法院判決無效。在實務上常發生管委會利用多數暴力，強制通過管理費調漲，如傳統上有些店面的管理費會比一般住戶要低一些，但因店面是少數，所以如果管委會提議調漲店面管理費與一般住戶一樣甚至要求比一般住戶高，通常在區分所有權人大會是很容易通過的，但如果調漲幅度不符合適當性、必要性、比例原則、平等原則，最終有可能是無效的。

管理費調漲須經區分所有權人大會通過且應符合適當性、必要性、比例原則與平等原則，否則最終有可能是無效的。

實際案例：高雄市澄湖園景湖樓社區共有一六二戶（大樓住戶一五三戶、透天別墅住戶九戶），宋姓男子是透天別墅的住戶，區分所有權人會議通過調漲社區透天區所有權人的管理費，他每月原本繳納管理費 1,975 元，暴增為 3,275 元。宋姓男子向法院訴請判決調漲管理費決議無效，法官認為如果要調漲管理費用，仍應符合適當性、必要性、比例原則、平等原則，由於該社區透天別墅住戶為少數，管委會以區分所有權人多數決方式增加宋男等透天區之管理費負擔，不符合一般的法律原則，判決調整社區管理費之決議無效。

資料來源：https://www.tbca.org.tw/content-page/17-faq/617-2018-06-28-04-00-31.html

四、收取裝潢保證金及清潔費需經區分所有權人大會提案通過

目前大多數社區都訂有裝潢管理辦法，該辦法詳細規定裝潢期間應支付的裝潢保證金及裝潢清潔費，由於目前法規針對管委會收取裝潢清潔

社區裝潢管理辦法規定

❶ 裝潢保證金9萬
❷ 裝潢清潔費每天一百元

管委會收取裝潢保證金及清潔費需經區分所有權人大會提案通過，若工期延長最好取得管委會書面同意函以免爭議。

實際案例：某屋主新屋裝潢，當初向管委會申請室內裝修時，已告知「兩戶打通的裝修工程」，工期會超過管委會所規定的 6 個月以上，當時管委會口頭應允給予寬限。但歷經 424 天工程結束後，管委會已歷經數屆變換，當時的委員也都已卸任換人，結算清潔費用時，卻以「最新通過的大樓管理辦法規定」計算該戶應繳的費用（6 個月內每戶 100 元 / 日；6 個月以上 500 元 / 日；若超過 9 個月以上 每日高達 1,000 元），最後向屋主收取近 38 萬的高額清潔費。屋主認為不合理向管委會抗議，管委會卻以「大樓管理辦法規定」為由不予讓步，雙方各持己見，最後只好訴諸法律途徑，尋求住宅消保會進行調解。經調解後雙方達成共識各退一步，以原有的「大樓管理辦法規定」以兩戶方式計算，繳交每日 100 元共 424 天，合併兩戶計算共 84,800 元結案。

資料來源：https://house.ettoday.net/news/1284308#ixzz7F27Eqtrh

費「目前並無一套明確的計價標準」，因此每個社區收費標準不一，大多數社區裝潢清潔費以每日 1 百元計算，但也有少數社區每天需支付清潔費 300 元，6 個月後每天漲至 1000 元、9 個月後來到 1300 元，由於收費過高往往衍生爭議。

基本上收取裝潢保證金及清潔費只要依照公寓大廈管理條例規定的程序辦理，也就是必須於區分所有權人大會提案通過，就具有強制力，管委會甚至能對不配合的住戶訴請法院強制遷離，而遇到不合理的收費時，判別是否合法的關鍵就在於有無區分所有權人大會提案通過。當然如果遇到特殊狀況而產生不合理的收費，也可以訴諸法律途徑，尋求住宅消保會協助與管委會進行調解。

五、不繳管理費小心房子被法院查封拍賣

依據公寓大廈管理條例第 21 條規定：「區分所有權人或住戶積欠應繳納之公共基金或應分擔或其他應負擔之費用已逾二期或達相當金額，經定相當期間催告仍不給付者，管理負責人或管理委員會得訴請法院命其給付應繳之金額及遲延利息。」這就是管理委員會可以拍賣住戶房產來支付積欠大樓管理費的法源依據。基本上管委會會依以下四個步驟來催討積欠的管理費[13]，步驟一提醒告知：管委會一般處理的方式都會先口頭告知、公布未繳管理費的住戶姓名。步驟二寄發存證信函：當區分所有權人或住戶如果積欠超過 2 期的管理費，管委會將依據公寓大廈管理條例第 21 條規定，管理負責人或管委會可以訴請法院要求欠繳管理費的住戶，在一定的時間內補齊管理費的金額，另外還得加收延遲利息。步驟三向法院聲請支付命令：若是管委會寄發存證信函後，住戶仍置之不理，就可以向法院

---

13 https://news.591.com.tw/news/2722

聲請支付命令，如果該住戶收到法院寄達的支付命令後的 20 天內未向法院提出異議，管委會可以在收到支付命令確定證明書後，再向法院聲請強制執行，查封該住戶的財產取償，並且該住戶仍得在存證信函內的清償日前繳齊費用，同時也須負擔聲請費用。步驟四強制遷離或鑑價拍賣：住戶如果積欠管理費，經強制執行後依然置之不理，並且累積金額達其區分所有權總價百分之一的話，如果 3 個月內不繳清，則可以依照區分所有權人會議的決議，訴請法院強制該住戶遷離，若住戶是區分所有權人時，可以請法院要求該住戶讓出區分所有權及其基地所有權部分，該住戶若在判決

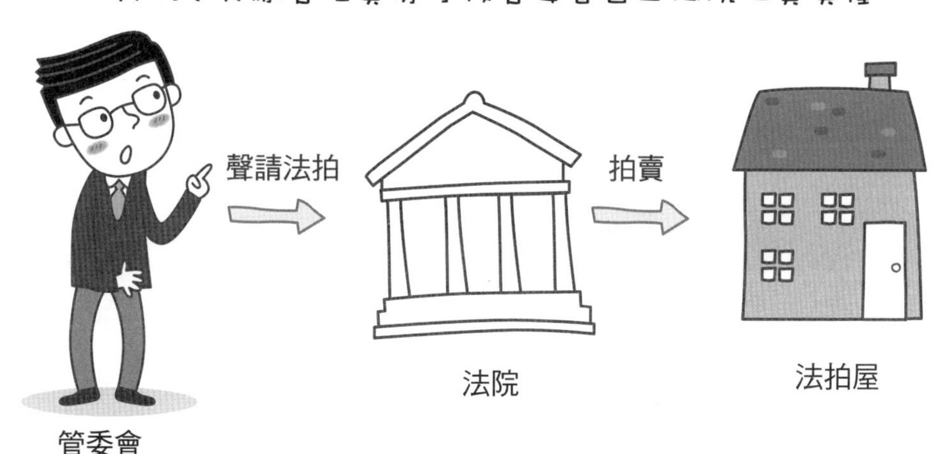

不繳管理費小心房子可能被管委會告上法院拍賣資產支付管理費！

實際案例：台北市內湖區新明路的美秀館社區，某屋主因積欠 7 萬餘元管理費遭法拍，該社區管委會告上法院請求給付，並以「給付管理費」查封拍賣其房地產，首拍底價 3242 萬元。所以僅欠繳 7 萬餘元管理費就讓價值 3 千多萬的房產被法拍，實在是因小失大，區權人應引以為戒。

資料來源：https://tw.news.yahoo.com/%E6%AC%A0%E7%AE%A1%E7%90%86%E8%B2%BB-%E7%81%AB%E9%80%9F%E6%9F%A5%E5%B0%81%E6%B3%95%E6%8B%8D-%E7%AE%A1%E5%A7%94%E6%9C%83%E8%B6%85%E7%8B%82-025034639.html

確定後 3 個月內不自行讓出，並完成移轉登記手續的話，管委會得聲請法院此房屋鑑價拍賣。

六、欠繳管理費不等於無使用權故管委會不能斷水斷電或鎖卡

公寓大廈管理條例並未賦予管理委員會有禁止住戶使用其所有權之權利，所以就算是積欠管理費，管委會是絕對無權對住戶的電梯或大門鎖

欠繳管理費不等於無使用權！法律從未賦予管委會向住戶斷水斷電或鎖卡等權力。

實際案例：阿蔡近來因海外公務繁忙，長期出差不在家，好不容易抓到空檔可以回家休息，這才發現，手中的感應卡無法啟動電梯。阿蔡拖著沉甸甸的行李到管理中心理論，這才發現，原來是因為欠繳了二期的管理費，門禁卡被管委會消磁了。氣急敗壞的阿蔡責罵總幹事這是限制個人行動自由的作為，而且其中一部電梯是「緊急昇降機」，根本不能設立管制。總幹事無奈表示，規定是經過區分所有權人會議決議且載明於社區規約的，他只是照規矩辦事，希望阿蔡有意見可以直接向管委會表達。雖然管委會是依照規約辦事，但感應磁扣消磁鎖卡，不讓住戶進出或是使用公設，基本上如果讓住戶連家都回不了，恐怕會觸犯強制罪。以此案例而言，若電梯是阿蔡回到租處的唯一途徑，則社區的規定就恐有觸法之虞。

資料來源：https://house.ettoday.net/news/1050109

卡，或是斷水斷電，管委會若是無故擅自阻止住戶進入社區及斷水斷電行爲，基本上可能已經觸犯刑法上妨害他人行使權利強制之罪名，是法律所不能容許的作爲。所以一碼歸一碼，縱使積欠管理費，區分所有權人還是擁有合法的使用權。

課題 1.2.2 遵守規約的義務

遵守社區規約的義務有哪些特別留意呢？

小叮嚀：有養寵物者入住新社區前應查看社區規約是否有明文規定禁養寵物以免搬入後寵物被迫搬遷。另外需注意若是違反社區規約惡性重大等當心被管委會引用公寓大廈管理條例第 22 條的惡鄰條款強制遷離社區。而若是違反社區規定遭處罰時也應留意該罰則（如罰款）是否明列於社區規約中，如未明列於規約中則不具效力。

一、遵守規約的法源依據

根據公寓大廈管理條例第 3 條第 12 款定義：「規約：公寓大廈區分所有權人爲增進共同利益，確保良好生活環境，經區分所有權人會議決議之共同遵守事項。」以及公寓大廈管理條例第 6 條規定：「住戶應遵守下列事項的第五款：其他法令或規約規定事項。」這就是管理委員會可以要求住戶遵守規約的法源依據。

二、社區能否養寵物應查看社區規約的規定

根據公寓大廈管理條例第 33 條第 2 項第三款規定：「有關公寓大廈、基地或附屬設施之管理使用及其他住戶間相互關係，除法令另有規定外，得以規約定之。規約除應載明專有部分及共用部分範圍外，下列各款事項，非經載明於規約者，不生效力：一、約定專用部分、約定共用部分之範圍及使用主體。二、各區分所有權人對建築物共用部分及其基地之使用收益權及住戶對共用部分使用之特別約定。三、禁止住戶飼養動物之特別約定。」另外！公寓大廈管理條例第 16 條第 4 項：「住戶飼養動物，不得妨礙公共衛生、公共安寧及公共安全。但法令或規約另有禁止飼養之規定時，從其規定。」以上就是社區針對飼養寵物的法律規定。

有些社區管委會在規約明文規定禁止飼養寵物，這種情況就是完全不能飼養寵物。但如果是管委會後來才增修禁養寵物條例在規約，以新規約禁養寵物，按照法律不溯及既往原則，對本來就已經飼養寵物的原住戶不會產生禁養的效力，只是當然也不能再養新的寵物。

有些愛護動物人士認爲社區禁養寵物條例是惡法，引此多次請立法委員提案修改公寓大廈管理條例，內政部於 106 年 11 月 21 日黨團協商會議時提出建議修正條文草案，擬於第 16 條第 4 項增列後段規定：「除其

他法令另有規定外，不得禁止飼養寵物。」並修正第 23 條第 2 項第 3 款規定為「住戶飼養動物之管理規定。」[14]內政部營建署建築管理組三科科長盧昭宏表示，根據公寓大廈管理條例，禁止飼養寵物須在規約中特別規定，包括吳思瑤等立委都對此禁養寵物條文提出修法，可惜還無法進入委員會排審[15]。所以到目前為止，社區規約明定禁養寵物仍是合法的。

社區規約若無明文規定禁止飼養寵物，基本上是可以飼養寵物的，所以社區就會就制訂「社區寵物管理辦法」來規範相關的飼養寵物行為以維護社區安寧、安全及環境衛生，有養寵物的住戶就必須遵守其規定。

如果社區遇上養寵物惡霸，以往有多起新聞報導關於住戶飼養貓犬以外的動物、蛇類，甚至在住家收養流浪狗，卻不按時清理環境，導致住家散發惡臭，此時管委會可依據「社區寵物管理辦法」加以限制。住戶違反相關規定時，管理負責人或管委會應予制止或按規約處理，經制止而不遵從者，得報請直轄市、縣市主管機關處理，由主管機關處新台幣 3,000 元以上、15,000 元以下罰鍰，並得令其限期改善或履行義務，屆期不改善或不履行者，得連續處罰。如果罰款仍然無法改善，管委會可祭出公寓大廈管理條例第 22 條的惡鄰條款，該條款規定，住戶有其他違反法令或「規約」情節重大等情況時，管理負責人或管理委員會可促請改善，若 3 個月內仍未改善，管理負責人或管委會得召開區分所有權人會議，經所有權人 2/3 以上出席、3/4 以上投票同意，即得依會議之決議，訴請法院強制惡鄰遷離。

---

[14] https://www.ly.gov.tw/Pages/Detail.aspx?nodeid=6590&pid=163942

[15] https://money.udn.com/money/story/7307/5897239

有養寵物的住戶在入住前應確認社區規約是否禁止社區住戶養寵物，以免搬家之後才發現社區早已明文規定不能飼養，遭到管委會要求搬離。而養寵物也應遵守公寓大廈管理條例第16及33條相關規定，以免受罰。

實際案例：北市八德路延吉公寓住戶許小姐飼養的狗貓，因惡臭與叫聲擾鄰，遭環保局開罰83次、累計近32萬元罰鍰未繳也未改善，鄰居抱怨連連，北市動保處及環保局卻束手無策，經北市議員會勘現場，環保局稽查大隊表示一週內將許女案移送法務部行政執行署，強制執行。

資料來源：https://tw.appledaily.com/headline/20120519/Y2WAVPMFDBKQCSSCJCIGGY5KMA/

三、買預售屋或入住前應仔細查看社區規約

社區規約是規範社區全體住戶的權利義務關係，根據公寓大廈管理條例第32條規定「有關公寓大廈、基地或附屬設施之管理使用及其他住戶間相互關係，除法令另有規定外，得以規約定之」。由此可見，規約是社區在法律以外的第二層權利保障，可依據社區個別的需要彈性制訂，因此買預售屋或入住前應仔細查看社區規約以了解自身的權益。

預售屋的社區在正式召開區分所有權人會議前，一般會由建設公司擬訂規約草約，附在買賣合約書中，於簽約時一併簽署同意，依據公寓大廈

管理條例第 56 條規定，規約草約經承受人簽署同意，於區分所有權人會議召開前，即視爲規約，然規約草約仍應符合中央主管機關頒定的規約範本。依據公寓大廈管理條例第 28 條規定，待建築物所有權登記之區分所有權人達半數以上及其區分所有權比例合計半數以上時，起造人應於三個月內召集區分所有權人召開區分所有權人會議，審議建商所草擬的社區規約，若住戶對社區規約有意見，應把握此機會在第一次區分所有權人會議提出討論修改表決。

社區規約主要是就區分所有建物、基地、附屬建設之管理使用及住戶間相互關係進行規範，內容涵蓋有「應載明」及「未載明不生效力」兩類：

1. 應載明事項：根據公寓大廈管理條例第 23 條規定，規約中應載明專有部分及共同部分的範圍。以內政部營建署所訂定之規約範本爲例，規約中需明列「專有部分，指編釘獨立門牌號碼或所在地址證明之家戶，並登記爲區分所有權人所有者；共用部分，指不屬專有部分與專有附屬建築物，而供共同使用者」，參考竣工圖將專有部分、共用部分定義與範圍明確地說明清楚。
2. 未載明不生效力事項：根據公寓大廈管理條例第 23 條第 2 項規定，下列各款事項若未載明於規約中，則不生拘束全體區分所有權人及住戶的效力：(1) 約定專用部分、約定共用部分之範圍及使用主體。(2) 各區分所有權人對建築物共用部分及其基地之使用收益權及住戶對共用部分使用之特別約定。(3) 禁止住戶飼養動物之特別約定。(4) 違反義務之處理方式。(5) 財務運作之監督規定。(6) 區分所有權人會議決議有出席及同意之區分所有權人人數及其區分所有權比例之特別約定。(7) 糾紛之協調程序。

社區住戶針對建商所草擬的社區規約若有意見，應把握機會在第一次區分所有權人會議提出討論修改。而違反社區規約遭罰款雖有經區分所有權人會議表決通過，但若該罰則違反法律保留原則，則是無效。

實際案例：桃園某社區住戶擅自搬離管委會設置的三角錐被社區罰款 71 萬，法院判決認為該社區的罰款條款，侵害到人民的財產權，判管委會敗訴。有法界人士指出，關於社區多數決通過的罰則規定是否能拘束所有住戶，實務上有兩種不同看法：其一認為多數決的決議，就能拘束所有住戶；另一則認為需經全體住戶同意，形成社區與住戶間的契約，違約才能處罰。（2021-08-22 / 聯合報 / 第 B1 版）

資料來源：https://www.ly.gov.tw/Pages/Detail.aspx?nodeid=6590&pid=212006

課題 1.2.3

維護公共安全、公共衛生與公共安寧的義務

遵守維護公共安全、公共衛生與公共安寧的義務有哪些特別留意呢？

小叮嚀：長期妨害社區安全及安寧恐遭管委會祭出「惡鄰條款」強制遷離社區甚至被強制出讓住宅的所有權，因此社區住戶應遵守維護公共安全、公共衛生與公共安寧的義務。

一、維護公共安全、衛生與安寧義務的法源依據

根據公寓大廈管理條例第 16 條規定：「住戶不得任意棄置垃圾、排放各種汙染物、惡臭物質或發生喧囂、振動及其他與此相類之行為。住戶為維護、修繕、裝修或其他類似之工作時，未經申請主管建築機關核准，不得破壞或變更建築物之主要構造。以及住戶飼養動物，不得妨礙公共衛生、公共安寧及公共安全。」這就是管理委員會可以請求住戶維護公共安全、公共衛生與公共安寧義務的法源依據。

二、長期妨害社區安全及安寧恐遭管委會祭出「惡鄰條款」驅離

當社區出現長期妨害公共安全及安寧等異常行爲的惡鄰居，導致社區住戶生活或人身安全遭受重大影響或危害時，管委會就可以祭出「惡鄰條款」，強制惡鄰居遷出社區。所謂「惡鄰條款」就是指公寓大廈管理條例第 22 條第 1 項第 3 款，所規定「住戶有下列情形之一者，由管理負責人或管理委員會促請其改善，於三個月內仍未改善者，管理負責人或管理委員會得依區分所有權人會議之決議，訴請法院強制其遷離：…… 3. 其他違反法令或規約情節重大者」，管委會即可透過區分所有權人會議之決議，讓惡鄰居搬出社區。其法律程序爲：(1) 須由管理負責人或管理委員會促請其改善，若於 3 個月內仍未改善再進行下一程序；(2) 管理負責人或管理委員會於區分所有權人會議提案該住戶違反法令或規約情節重大，決議訴請法院強制其遷離，據以訴請法院強制遷離，若仍然未改善甚至可更進一步強制出讓及拍賣惡鄰的房屋。對於長期喧囂擾鄰妨害社區安全與

長期妨害社區安全及安寧恐遭管委會祭出「惡鄰條款」驅離。

實際案例：高雄前鎮區豪宅「福懋首善」住戶謝政宏因長期在屋內製造擾人噪音，或不分晝夜播放震耳欲聾歌曲，鄰居多次勸導都不理會，甚至「你越抗議，他越大聲」、在停車場飆車按喇叭等脫序行為且屢勸不聽，被全體住戶提告要求強制遷離，不料 2015 年謝男敗訴確定被法院強制執行搬遷前後，仍持續滋擾、揮斧砍斷大樓公設等，還以拿信為由返回大樓狂按喇叭，住戶人人自危；管委會為此另提告請求法院強制謝男出讓房屋所有權，一、二審原本判謝男勝訴免賣屋，但管委會上訴成功翻案，高雄高分院更一審逆轉改判管委會勝訴，依公寓大廈管理條例規定的強制出讓，並非要謝男無償出讓房屋，他儘可在判決確定後 3 個月內自行出讓完成移轉登記手續，逾時未出讓也可聲請法院拍賣，所得價金也歸屬謝男，並非剝奪他財產，因此判謝男敗訴，應強制出讓名下房產。謝男房產須在 3 個月內完成轉移手續，否則恐遭法拍。

資料來源：https://tw.appledaily.com/local/20200205/V4XFSJ3NOVDRGC37WQGJ3376DU/

安寧的惡鄰，曾有實際案例在法院一、二審最初法官僅宣判該惡鄰強制遷離該社區尚不用賣屋，但因該惡鄰不服判決仍然回社區破壞公共設施，管委會再上訴翻案成功，最終法院在更一審時法官改判該惡鄰必須出讓豪宅所有權。

課題 1.2.4

投保公共意外責任保險的義務

公共意外責任保險

建築物承租人火災責任

雇主意外責任保險

產物保險

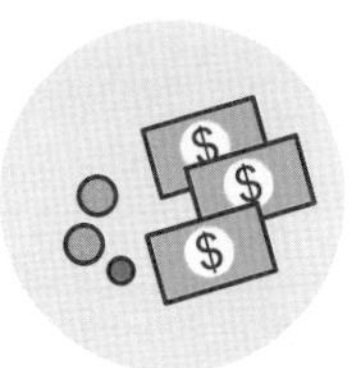

投保公共意外責任保險的義務有哪些特別留意呢？

小叮嚀：社區住戶經營餐飲或其他危險營業會增加社區意外風險，因此增加其他住戶投保火災保險之保險費者，應就其差額負補償責任。投保公共意外責任保險可補償因意外（如火災）造成社區重大損失，以及住戶或訪客在社區公共區域意外受傷獲得醫藥費補償的保障。

一、投保公共意外責任保險的法源依據

根據公寓大廈管理條例第 17 條規定：「1. 住戶於公寓大廈內依法經營餐飲、瓦斯、電焊或其他危險營業或存放有爆炸性或易燃性物品者，應依中央主管機關所定保險金額投保公共意外責任保險。其因此增加其他住戶投保火災保險之保險費者，並應就其差額負補償責任。其投保、補償辦法及保險費率由中央主管機關會同財政部定之。2. 前項投保公共意外責任保險，經催告於七日內仍未辦理者，管理負責人或管理委員會應代爲投保；其保險費、差額補償費及其他費用，由該住戶負擔。」這就是管理委員會可以請求住戶經營餐飲、瓦斯、電焊或其他危險營業或存放有爆炸性或易燃性物品者投保公共意外責任保險的法源依據。

二、社區住戶經營餐飲或其他危險營業增加社區意外風險

社區住戶經營餐飲、瓦斯、電焊或其他危險營業，除了行業本身存在火災意外的高度風險，再加上人員進出複雜往往大幅增加社區發生意外的風險，所以除了公寓大廈管理條例第 17 條強制規定業者應投保公共意外責任保險之外，政府爲了加強公共場所之安全，各縣市政府強制規定公共使用營利事業場所建築物所有權人或使用人投保公共意外責任險。以台北市政府爲例，台北市消費場所強制投保公共意外責任保險實施辦法規定應投保公共意外責任保險之消費場所共計有 11 類[16]：

(1) 供集會、展演、社交，且具觀衆席及舞台之場所。例如：戲（劇）院、電影院、集會堂、演藝場、歌廳等類似場所。

(2) 供娛樂消費，處封閉或半封閉之場所。例如：夜總會、酒家、酒吧、理容院、PUB、KTV、MTV、公共浴室、三溫暖、茶室、舞廳、舞場、電子遊戲場業、資訊休閒服務業等類似場所。

(3) 總樓地板面積五百平方公尺以上，供商品批發、展售或商業交易，且使用人替換頻率高之場所。例如：百貨公司、商場、市場、量販店等類似場所。

(4) 供不特定人餐飲之場所（酒吧、總樓地板面積三百平方公尺以上場所）。例如：酒吧、美食街、咖啡店（廳）、餐廳等類似場所。

(5) 供不特定人休閒住宿之場所。例如：旅館、觀光飯店等之客房部等類似場所。

(6) 低密度使用人口運動休閒之場所。例如：保齡球館、溜冰場、室內游泳池、室內球類運動場、室內機械遊樂場等類似場所。

---

16 資料來源 :https://www.skinsurance.com.tw/SKI/Doc.aspx?uID=77&sID=1425&ST=

(7) 供短期職業訓練、各類補習教育及課業輔導之教學場所。例如：補習（訓練）班、兒童托育中心（安親、才藝班）等類似場所。

(8) 供醫療照護之場所。例如：老人長期照顧機構（長期照護型）、產後護理機構、設有總病床數十床以上或總樓地板面積在一千平方公尺以上之醫療機構及護理機構。

(9) 供身心障礙者教養、醫療、復健、重建、訓練（庇護）、輔導、服務之場所。例如：身心障礙福利機構、身心障礙者庇護工場、身心障礙者職業訓練機構。

(10) 兒童及少年照護、輔導、服務之場所。例如：幼兒園、兒童及少年安置教養機構、托嬰中心、早期療育機構、心理輔導與家庭諮詢機構。

(11) 供特定人短期住宿之場所。例如：養老院、安養中心、寄宿舍、招待所、中途之家、育幼院、庇護機構等類似場所。

(12) 供製造、分裝、販賣、儲存公共危險物品之場所及可燃性高壓氣體之場所。例如：瓦斯、電焊、爆炸物、爆竹煙火、液體燃料廠、加油（氣）站、天然氣加壓站、自助洗衣店、危險物儲藏庫等類似場所。

1993 年 01 月 19 日論情西餐廳大火，奪走 33 條人命。

社區住戶經營餐飲或其他危險營業應投保公共意外責任保險以免發生意外後無能力賠償。

實際案例：台北市論情西餐廳大火發生於 1993 年 1 月 19 日，造成 33 人死亡，21 人輕重傷，論情西餐廳位於台北市松江路 303 號興華大樓，該樓興建於 1970 年，樓高 12 層。警消獲報後 5 分鐘內趕抵現場破窗救人，雖然在短短 22 分鐘內撲滅火勢，但死傷已經造成，包括當時的駐唱歌手董榮駿在內的 33 人，禁不起高熱及濃煙，或被火燒，或被嗆死，倒在小窗戶附近，早已沒了生命跡象。警方根據火調報告及服務生等人證詞，認定本案是人為縱火，但當時缺乏監視器，又無人指認，兇手身分迄今仍不明。而論情西餐廳早被舉發安全檢查不合格，且沒有營利事業登記證，被市政府勒令停業，卻還繼續經營，最終引發悲劇，時任市長黃大洲當日立刻請辭負責，餐廳老闆許慶雄後來也被依過失致死罪判刑 3 年 3 月。

資料來源：https://www.chinatimes.com/realtimenews/20211027000002-260402?chdtv

單元 2

物業管理公司的專業服務工作內容

2.1 物業管理公司建築物整體維護管理的責任

2.2 物業經理的工作內容與職責

2.3 社區祕書的工作內容與職責

2.4 物業管理公司主管的職責

2.5 物業管理公司的防疫管理任務

2.6 導入智慧化物業管理服務系統

專業的物業管理提供您賓至如歸的尊榮服務！

物業管理公司建築物整體維護管理的責任爲何？ 物業管理公司建築物整體維護管理的責任主要爲針對「社區住戶」及「建築物與設備」等兩個面向提供優質與專業的服務，以確保「社區住戶」獲得賓至如歸的尊榮服務以及建築物正常安全的使用並達到業主資產保值或增值的目的。

而物業管理公司的專業服務工作內容有哪些呢？物業管理公司需執行之重要業務大致上可以分成如下幾類：行政事務管理、規章制定執行、會議籌備召開、財務規劃管理、建物維護管理、公設管理與活動企劃、公關聯繫與住戶服務及防疫管理等，基本上由物業經理、社區祕書與物業公司主管來執行，當然上列服務更需借助現代化科技導入智慧化物業管理服務系統來提升服務品質，將分別說明如下數節。

課題 2.1

物業管理公司建築物整體維護管理的責任

物業管理公司建築物整體維護管理責任

1. 提供優質安全的生活與商業支援服務
2. 提供完善的建築物與環境的管理維護

物業管理公司建築物整體維護管理有哪些責任呢？

小叮嚀：基本上物業管理公司的責任為提供住戶優質安全的「生活與商業支援服務」，以及完善的「建築物與環境的使用管理與維護服務」。當然更重要的是物業管理公司需挑選優質的物業經理、社區祕書以及保全人員並與相關配合廠商來提供尊榮的服務。

物業管理公司建築物整體維護管理的責任主要可分為針對「社區住戶」及「建築物與設備」等兩個面向的維護管理責任，針對「社區住戶」物業管理公司應負起提供優質的生活與商業支援服務以及安全健康的居住環境管理服務的責任；針對「建築物與設備」物業管理公司應負起提供完善的建築物與環境的使用管理與維護服務，茲說明如後。

課題 2.1.1 物業管理公司在「社區住戶」管理服務的責任

物業管理公司在「社區住戶」管理服務有哪些責任呢？

小叮嚀：基本上物業管理公司在「社區住戶」管理服務最重要的是物業經理、社區祕書以及保全人員等工作人員臉上應保有親切的笑容以及積極主動的服務態度。當然提供社區智慧生活 APP 等便利生活的相關服務、聘請具有相應專業證照的員工從事相應的服務工作以及做好社區防疫管理以及居住環境清潔衛生與消毒都是物業管理公司的責任。

物業管理公司針對「社區住戶」在建築物整體維護管理的責任爲提供優質安全的「生活與商業支援服務」，將由物業經理、社區祕書以及保全人員及相關配合廠商來提供服務，可細分其服務內容如下：

一、諮詢接待服務

諮詢接待服務最重要的是工作人員臉上應保有親切的笑容以及積極主動的服務態度，主要的服務內容有：(1) 貴賓接待通報與車輛引導；(2) 訪客廠商過濾及登記換證作業；(3) 社區門禁、車輛進出引導與管制。

二、家居生活服務

家居生活服務最重要的也是工作人員臉上應保有親切的笑容，以及積極主動的服務態度，主要的服務內容有：(1) 業主委託事項服務、尋物、指引、諮詢等臨時事項處理；(2) 包裹與掛號之收送；(3) 飯店式管理服務；(4) 鐘點女傭服務；(5) 鐘點保母服務；(6) 居家清潔消毒或空間收納服務；(7) 長者或行動不便者主動提供按電梯或攙扶服務；(8) 住戶提重物者主動提供按電梯或推車服務；(9) 長者或需要照顧者照顧服務。

三、生活便利服務

生活便利服務最重要的是提供購物及社區智慧生活 APP 等便利生活的相關服務，主要的服務內容有：(1) 社區智慧生活服務 APP 系統（智生活或智慧雲管家等手機 APP 系統）；(2) 提供社區所在地周邊的便利生活服務商家資訊（如住家方圓 10 公里內的商家資訊）以便新住戶熟悉生活環境；(3) 簡易餐飲服務；(4) 宅配物流服務；(5) 衣物送洗服務；(6) 定餐送餐服務；(7) 長者陪病服務。

四、休閒會館服務

休閒會館服務最重要的是聘請具有相應專業證照的員工從事相應的服務工作，例如有游泳池就必須聘請具有救生員證照的員工擔任救生員來管理游泳池或輕食餐廳要聘請有丙級廚師證照的員工等等，主要的服務內容有：(1) 游泳池與三溫暖泡湯會所服務管理；(2) 健身俱樂部會所服務管理；(3) 輕食餐廳或咖啡廳或酒吧等會所服務管理；(4) 私人貴賓招待所服務管理。

五、櫃台商務服務

櫃台商務服務最重要的是聘請具有多國語言能力〔如美語托福（TOFEL）、日語（JLPT）、歐洲語言共同參考架構（CEFR）等〕及商務管理證照（如電子商務管理師）的員工從事相應的服務工作，主要的服務內容有：(1) 專業祕書服務；(2) 行動辦公室；(3) 辦公室租賃；(4) 會議室租賃。

六、安全健康的居住環境管理服務

安全健康的居住環境管理服務最重要的是做好社區防疫管理以及居住環境清潔衛生與消毒，主要的服務內容有：(1) 社區防疫管理；(2) 環境電磁波偵測管理；(3) 人員進出安全管理；(4) 社區環境清潔衛生與消毒。

課題 2.1.2

物業管理公司在「建築物與設備」管理服務的責任

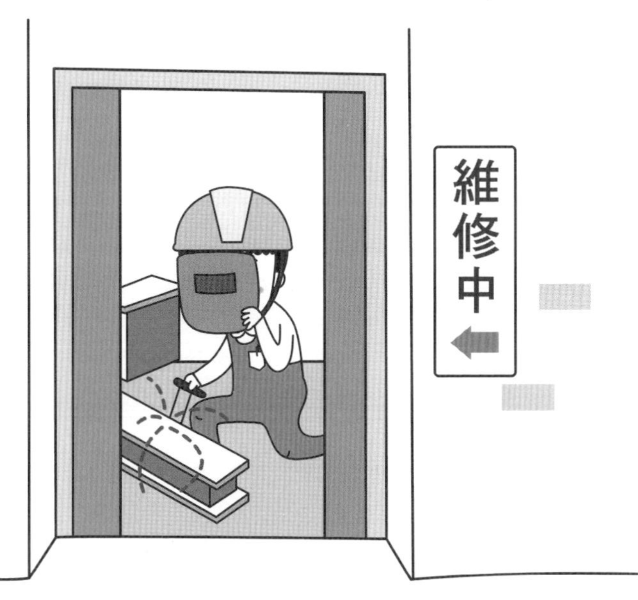

物業管理公司在「建築物與設備」管理服務有哪些責任呢？

小叮嚀：基本上物業管理公司在「建築物與設備」管理服務最重要的是挑選優質的物業經理與社區祕書以提供專業的服務。當然提供社區建築物（含基地）暨附屬設施設備維護及修繕服務、協助社區建立「長期修繕計畫」以確保社區大樓在生命週期內的正常運作、協助社區檢核財務狀況以確認有能力執行長期修繕計畫、物業經理落實稽核與督導清潔及環境衛生維護服務、協助檢討用電契約容量並落實公共用水及用電的節約管理，以及公司端指派主管做好財務稽核防範現場人員捲款潛逃，都是物業管理公司的責任。

物業管理公司針對「建築物與設備」在建築物整體維護管理的責任爲提供完善的「建築物與環境的使用管理與維護服務」，將由物業經理、物業管理公司主管、社區祕書以及保全人員及相關配合廠商來提供服務，可細分其服務內容如下：

一、一般事務管理服務

一般事務管理服務最重要的是挑選優質的物業經理與社區祕書以提供專業的服務並由公司端指派主管做好財務稽核防範現場人員捲款潛逃，主要的服務內容有：(1) 公共事務行政管理服務。(2) 指派適任的物業經理與社區祕書提供專業行政管理服務。(3) 各項定期管理報表製作、列印、彙整與提送。(4) 管理委員會各項業務服務。(5) 建立各項作業標準程序之基本流程。(6) 指派公司主管確實做好財務稽核防範現場人員捲款潛逃。(7) 指派公司主管督導現場服務的物業經理與社區祕書確實做好服務管理。(8) 文件整備：如檔案保存、管理、移交及備查。

二、建築物（含基地）暨附屬設施設備維護及修繕服務

建築物（含基地）暨附屬設施設備維護及修繕服務最重要的是協助社區建立「長期修繕計畫」以確保社區大樓在生命週期內的正常運作並爲建築物延長壽命，同時協助社區檢核財務狀況以確認有能力執行長期修繕計畫，主要的服務內容有：(1) 制定建築物長期修繕計畫。(2) 執行建築物年度維護計畫。(3) 執行機電設施保養修繕計畫。(4) 執行消防設施保養修繕計畫。(5) 執行弱電設施保養修繕計畫。(6) 執行建築結構安全檢測補強計畫。(7) 整體景觀暨基地綠美化維護管理。(8) 檢核執行建築物長期修繕計畫所需的財務計畫。

三、清潔及環境衛生維護服務

清潔及環境衛生維護服務最重要的是挑選認眞負責的清潔人員以及物業經理落實稽核與督導，主要的服務內容有：(1) 公用設施的清潔與消毒如電梯、KTV 設備、健身設施或廁所等。(2) 公共開放空間的清潔與消毒如一樓大廳、戶外庭園、地下停車場或會所空間等。(3) 害蟲防治管理如蚊子、蟑螂或老鼠的防治。(4) 汙水處理設施操作維護管理與定期清運汙泥。

四、周圍環境安全防災管理維護服務

周圍環境安全防災管理維護服務最重要的是協助社區落實消防安全設備檢修及申報與建築物公共安全檢查的各項整備工作，主要的服務內容有：(1) 安排保全人員定時巡邏週圍環境與安全防護。(2) 導入智慧化社區安全軟硬體服務系統。(3) 配合機電公司或消防公司辦理消防安全設備檢修及申報與建築物公共安全檢查的各項整備工作。

五、環保與節能管理服務

環保與節能管理服務最重要的是協助檢討用電契約容量並落實公共用水及用電的節約管理，主要的服務內容有：(1) 檢討用電契約容量是否有調整空間以便節省電費支出。(2) 制定節能管理計畫並落實定期檢討調整。(3) 更換停車場或公共空間燈具為 LED 燈具或節能燈具。(4) 更換具「省水標章」馬桶或水龍頭或家電。(5) 落實垃圾分類環保回收計畫。(6) 採用滴灌的庭園節水澆溉系統。

課題 2.2

物業經理的工作內容與職責

物業經理工作職責與主要服務內容架構圖

物業經理在社區的重要工作職務內容為何？有哪些是需特別監管防弊呢？

小叮嚀：物業經理最重要工作是社區行政管理事務，台灣地區因大多數社區規模不大，因此有很多社區幾乎由物業經理一手包辦社區所有重要事務，如經手重大採購案或廠商委發款項等，因此偶爾有新聞報導物業經理隻手遮天侵占公款等事件發生，所以財務委員以及物業公司主管應落實財務稽核與監管，防範貪汙或捲款潛逃等弊端，管委會可要求物業公司為物業經理投保誠實險以免萬一發生前述弊端可減少社區損失。

物業經理在社區的工作職務內容依行政管理事務、規章制定執行、會議籌備召開、財務規劃管理、建物維護管理、公共設施管理、節慶活動企劃、公關住戶服務等類別說明如下數節。

課題 2.2.1 社區行政管理事務

物業經理在社區的工作職務內容有那些呢？

小叮嚀：物業經理工作職務為統籌整個社區的行政事務管理工作，以維持社區正常運作，物業經理不應淪為少數委員或主委的私人助理，應公平有禮貌的服務每位住戶。

物業經理是社區的靈魂人物，統籌整個社區的行政事務管理工作，舉凡管委會行政業務、社區採購及社區對外的文書往返等行政庶務等等皆是物業經理的職務內容，茲條列如下。

一、公寓大廈一般行政事務管理服務：(1) 區分所有權人會議作業；(2) 管理委員會會議作業；(3) 公寓大廈管理組織申請報備；(4) 室內裝修管理；(5) 公文管理；(6) 共用鑰匙管理；(7) 住戶管理費催繳；(8) 社區財產管理；(9) 社區大型採購發包作業，如清洗外牆作業發包或屋頂牆壁漏水修繕工程發包等；(10) 監督所有工作人員工作表現，如社區祕書、清潔人員及定期修繕保養人員等；(11) 社區各項公告之製作及張貼作業、庶物用品之代（採）購；(12) 與各維護保養廠商聯繫，監管各公共設施維護保養工作。

二、社區基地及建築物暨附屬設備之檢查、修繕與維護：(1) 建築物及基地管理維護及修繕；(2) 公寓大廈停車場管理作業；(3) 公共設施及設備定期檢查、保養與修繕；(4) 共用工程修繕維護作業；(5) 新完工大樓的物業經理應協助管委會監督建商落實公設點交的缺失改善。

三、社區環境衛生維護管理：(1) 環境清潔與消毒作業管理；(2) 環境綠化美化作業管理；(3) 資源回收作業管理；(4) 病媒防治作業管理；(5) 制定社區防疫管理計畫，落實社區防疫管理。

四、社區安全與防災維護管理：(1) 社區防疫管理作業；(2) 消防安全講習與演練作業；(3) 自主防災社區規劃與演練；(4) 緊急事件處理作業流程；(5) 建築物公共安全檢查申報作業；(6) 社區裝潢或施工安全管理。

課題 2.2.2

社區規章制定與執行

物業經理在「社區規章制定與執行」服務有哪些責任呢？

小叮嚀：基本上物業經理在「社區規章制定與執行」服務最重要的是要能與時俱進的順應社區特性需求針對社區規約與管理辦法做新增或修改。當然協助管委會執行社區規約及公寓大廈管理條例規定事項也是物業經理的責任。

社區人口眾多素質參差不齊，如何讓社區運作順暢不脫序，則有賴於物業經理制定合適的社區規約以及相關的管理辦法讓大家遵守並加以執行落實，因此物業經理另一個重要工作就是社區規章制定與執行，茲條列如下。

一、社區規約制定與修改：社區規約基本上由建商在預售屋時參考內政部營建署規約範本——「公寓大廈規約範本」，擬定社區規約初稿於第一次區分所有權人大會提案討論，但隨著每個社區特性與時代進步，社區規約須與時俱進的順應社區需求做修改。

二、管理辦法制定與修改：社區管理辦法視社區規模與設備而有相應的管理辦法，隨著社區特性需求與時代進步，社區管理辦法須與時俱進的順應社區需求做新增或修改，常見的管理辦法如下表所示。

表 2.1　常見的管理辦法

類別	常見的管理辦法
公共設施管理	閱覽室使用管理辦法、會議室使用管理辦法、宴會廳使用管理辦法、KTV 視聽室使用管理辦法、媽媽教室使用管理辦法、電影院使用管理辦法、兒童遊戲室使用管理辦法、交誼廳使用管理辦法、三溫暖區使用管理辦法、健身房使用管理辦法、游泳池使用管理辦法。
行政業務管理	採購管理辦法、財務管理辦法、文件保管管理辦法。
環境安全衛生	裝潢施工（修繕）管理辦法、租售暨仲介人員管理辦法、垃圾及環保管理辦法、寵物管理辦法、門禁管理辦法、大廳管理辦法、住戶遷出遷入管理辦法、停車場管理辦法。

三、社區規約與相關法令執行：協助管委會執行社區規約、社區管理辦法及公寓大廈管理條例規定事項。

課題 2.2.3

社區會議籌備召開

物業經理在「社區會議籌備召開」服務有哪些責任呢？

小叮嚀：基本上物業經理在「社區會議籌備召開」服務最重要的是要能協助管委會依公寓大廈管理條例或規約範本所規定的期限定期召開區分所有權人大會以及管理委員會會議。當然協助管委會遵守社區規約及公寓大廈管理條例所規定的法定出席人數最低門檻，以達成會議決議的有效性，以及確保各項會議紀錄齊備並公告之，也都是物業經理的責任。

社區是自治團體，許多社區重大事務的決策多仰賴社區會議來達成共識與定案決策，並透過會議來解決爭端與重大議案，因此物業經理另一個重要工作就是籌備召開社區會議並妥善保存會議資料，茲條列如下：

一、區分所有權人大會：依據公寓大廈管理條例第25條規定，區分所有權人會議，由全體區分所有權人組成，每年至少應召開定期會議一次。區分所有權人大會應特別注意的事項爲(1)條例第30條規定區分所有權人會議，應由召集人於開會前十日以書面載明開會內容，通知各區分所有權人。但有急迫情事須召開臨時會者，得以公告爲之；公告期間不得少於二日。(2)條例第31條規定區分所有權人會議之決議，除規約另有規定外，應有區分所有權人三分之二以上及其區分所有權比例合計三分之二以上出席，以出席人數四分之三以上及其區分所有權比例占出席人數區分所有權四分之三以上之同意行之。

二、管理委員會會議：依據公寓大廈規約範本第十四條規定管理委員會會議之召開應每二個月乙次或每幾個月乙次，可依社區規模自訂。管理委員會會議應特別注意的事項爲(1)管理委員會會議，應由主任委員於開會前七日以書面載明開會內容，通知各管理委員。(2)發生重大事故有及時處理之必要，或經三分之一以上之委員請求召開管理委員會會議時，主任委員應儘速召開臨時管理委員會會議。(3)管理委員會會議開議決議之額數，應依規約所規定之額數方爲有效之決議，通常應有過半數之委員出席參加，其討論事項應經出席委員過半數之決議通過方爲有效。

三、確保各項會議紀錄齊備並公告之：依據公寓大廈管理條例第34條規定「區分所有權人會議應作成會議紀錄，載明開會經過及決議事項，由主席簽名，於會後十五日內送達各區分所有權人並公告之。前項會議紀錄，應與出席區分所有權人之簽名簿及代理出席之委託書一併保存」。以及依據公寓大廈管理條例第35條規定「利害關係人於必要時，得請求閱覽或影印規約、公共基金餘額、會計憑證、會計帳簿、財務報表、欠繳公共基金與應分攤或其他應負擔費用情形、管理委員會會議紀錄及前條會議紀錄，管理負責人或管理委員會不得拒絕」。由以上條文可知住戶有權可以查閱區分所有權人大會與管理委員會會議紀錄，故必須妥善保存以備查詢。

課題 2.2.4
社區建物維護管理

建築物維護管理計畫

- 設備耐用年限
- 長期修繕計畫
- 建物整建維護
- 建物公共安全檢查
- 設施設備檢修
- 修繕財務評估
- 結構安全補強
- 消防設備安全檢查

物業經理在「社區建物維護管理」服務有哪些責任呢？

小叮嚀：基本上物業經理在「社區建物維護管理」服務最重要的是，要能協助管委會擬定並執行建築物維護管理計畫。當然協助管委會擬定並執行「例行性的維護管理計畫」及「長期修繕計畫」以確保豪宅光環，並讓您的資產達到保值與增值的作用，也都是物業經理的責任。

有些建案在建商交付給管委會時堪稱是豪宅等級的建築，但是歷經多年後，外牆不清洗再加上天然石材也不去養護或拋光晶化，已完全褪去豪宅光環，其實建築物內部與外觀的狀態攸關整體不動產的價格，好的建築物維護管理可以讓您的資產達到保值與增值的作用，同時更為公共安全性加分，因此物業經理另一個重要工作就是協助社區擬定建築物維護管理計畫，茲條列如下。

一、例行性的維護管理計畫：藉由例行性的建築物維護管理來確保物業公司於合約期間的建築物本體及其附屬設施設備運作機能正常，大致上可分成以下工作項目：(1) 水電設施：包括給水、排水、水管管路漏水、停水、揚水、汙水馬達、一般水電設施修繕等；(2) 土木工程：包括屋頂及外牆漏水、外牆磁磚剝落防護及局部修繕、公共區域修繕維護；(3) 消防設施：消防設備、發電機等例行年度安檢與保養；(4) 機電空調設施：包括升降設備如電梯與機械停車系統、冷暖空調設施以及照明系統之修繕維護保養；(5) 弱電設施：門禁監控系統及網路電信系統維護保養；(6) 清潔與石材養護：環境清潔、大樓外牆清洗以及地板或內外牆天然石材拋光或晶化養護。

二、長期修繕計畫：長期修繕計畫藉由透過預防式的修繕更新計畫與週期性的維護保養機制，全面性的確保建築物本體及其附屬設施設備運作機能正常，並延長建築物及其附屬設施設備使用年限且提高設施設備運作效能，故而可以達到建築物延壽暨節能減碳之具體成效。長期修繕計畫標準作業工作項目為：(1) 建構大樓住宅基本資料；(2) 聘請專業顧問協助擬定計畫；(3) 例行性維護保養計畫；(4) 重大性修繕計畫；(5) 修繕財務計畫。

課題 2.2.5

社區財務規劃管理

物業經理在「社區財務規劃管理」服務有哪些責任呢？

小叮嚀：基本上物業經理在「社區財務規劃管理」服務最重要的是要能協助管委會依據「長期修繕計畫」來擬定「長期社區財務規劃」。當然協助管委會落實「年度社區財務規劃與執行」及「社區財務規劃管理」以確保各社區永續經營與正常運作也都是物業經理的責任。

社區財務是社區運作的命脈，完善的社區財務規劃管理是社區永續經營與正常運作的關鍵要素，筆者擔任過優良社區評審委員，發現訪查的社區有些缺乏長期的財務規劃管理，社區運作經過 30 年後卻發現沒有累積足夠的經費可以更換電梯，因此物業經理另一個重要工作就是協助社區財務規劃管理，茲條列如下。

一、年度社區財務規劃與執行：目前大多數社區管委會的委員任期大多爲一年，因此大多數物業經理的社區財務規劃與執行多是針對管委會委員任期內的年度社區財務預算進行規劃與執行。

二、長期社區財務規劃：目前社區管委會與物業公司簽約大多爲一年期的合約，因此大多數的物業公司通常不會主動幫社區規劃整個建築物生命週期 50 年期間的社區財務規劃。但是長期社區財務規劃是非常重要的，因為一棟建築物就如同一輛豪華汽車一樣，必須要按時進場保養更換零件才能正常運作，如果社區管理費平時沒有結餘預做大規模修繕經費的準備，一旦須要動到大筆經費而社區公共基金又不足以支應時，就必須由住戶均攤，也就是要住戶一口氣拿出一大筆錢來修繕社區公共空間或更換大型設施設備，但通常是無法取得多數住戶認同而告吹，因此我們才會在社會新聞案看到電梯夾傷人及摔死人的新聞[1]，還有電梯故障的新聞[2]。因此最好的方法就是平時就擬定長期社區財務規劃，可由物業經理參考社區長期修繕計畫需求的經費，來推估社區每月需結餘管理費，作為後續建築物修繕與設備更新所需的費用，透過平時讓每戶多交個幾百塊管理費，長時間累積下來，就有一大筆錢可以供後續建築物修繕與設備更新使用，至於社區長期修繕計畫的擬定可以請專業的建築師或技師團隊協助建構。

[1] 自由時報新聞——恐怖電梯夾腿女兒救父摔死，資料來源網址：https://news.ltn.com.tw/news/society/paper/839368

[2] 自由時報新聞——恐怖電梯 1 個月壞 3 次，資料來源網址：https://news.ltn.com.tw/news/society/paper/839369

課題 2.2.6
社區公共設施管理

物業經理在「社區公共設施管理」服務有哪些責任呢？

小叮嚀：基本上物業經理在「社區公共設施管理」服務最重要的是要能主動定期巡檢，早期發現問題，進行預防式維護修繕管理。當然協助管委會落實「建立公共設施財產造冊管理」及「公共設施預約使用管理」以確保各社區公共設施永續正常運作也都是物業經理的責任。

社區公共設施是社區住戶日常共同使用的重要設施，例如健身房、游泳池、停車場、麻將室、KTV、宴會廳、桌球室、撞球室、廚藝教室、會議室等等，是社區住戶經常使用的重要活動空間與設施，必須妥善維護管理以提供社區住戶優質的生活品質，因此物業經理另一個重要工作就是協助社區公共設施管理，茲條列如下：

一、公共設施預約使用管理：每個社區有不一樣的公共設施，當設施使用人數衆多時，爲維護良好秩序以免產生紛爭故須制定使用管理辦法並建立預約或登記使用制度，有的社區會使用公設使用預約登記 APP 軟體系統進行管理，有的社區則採用人工紙本預約登記進行管理。

二、公共設施維護管理：社區公共設施由於使用頻率高，因此必須要定期進行維護與巡檢才能維持正常的運作，除了靠住戶使用時遇到狀況的報修，社區經理更應主動定期巡檢，早期發現問題，進行預防式維護修繕管理，提供住戶優質的公共設施服務。

三、建立公共設施財產造冊管理：社區公共設施由於品項眾多，因此必須加以造冊編列財產清冊進行管理，除了建立紙本財產清冊，有些社區也使用電腦系統進行造冊管理，除了財產品項清冊之外，修繕保養紀錄也是系統登錄的重點，可以完整知道何時該更新設備與維護保養時間。

課題 2.2.7

社區節慶活動企劃

物業經理在「社區節慶活動企劃」服務有哪些責任呢？

小叮嚀：基本上物業經理在「社區節慶活動企劃」服務最重要的是要能主動企劃溫馨有趣的社區節慶活動以凝聚社區住戶向心力與促進住戶情誼交流。當然協助管委會落實重大節慶、競賽、旅遊或是研習活動企畫與執行以完善社區總體營造、敦親睦鄰也都是物業經理的責任。

社區節慶活動企劃爲凝聚社區住戶向心力與促進住戶情誼交流的重要活動，因此重大節慶、競賽、旅遊或是研習活動企畫是很重要的，例如中秋聯歡晚會、球類競賽、郊遊烤肉、廚藝研習等，是社區營造的重要活動，因此物業經理另一個重要工作就是協助社區節慶活動企劃，常見的活動企劃茲條列如下：

一、節慶活動企劃：(1) 中秋聯歡晚會；(2) 母親節活動；(3) 父親節活動；(4) 重陽節敬老活動；(5) 聖誕節活動；(6) 農曆年節活動。

二、競賽活動企劃：(1) 桌球比賽；(2) 撞球比賽；(3) 籃球比賽；(4) 麻將比賽；(5) 趣味競賽。

三、研習活動企劃：(1) 消防與防災研習；(2) 媽媽教室廚藝研習；(3) 健康養生講座；(4) 心靈成長講座。

四、旅遊活動企劃：(1) 烤肉活動；(2) 郊遊踏青活動；(3) 登山活動；(4) 出國旅遊活動。

課題 2.2.8

公關聯繫與住戶服務

物業經理在「公關聯繫與住戶服務」有哪些責任呢？

小叮嚀：基本上物業經理在「公關聯繫與住戶服務」最重要的是要具備親切的服務態度協助社區對外公關聯繫與住戶服務。當然協助代替主委代表社區出席政府單位會議或地方節慶活動、敦親睦鄰也都是物業經理的責任。

社區事務雖然對外代表人是社區主委，但由於多數主委平時有自身的工作，所以實際對外事務的公關聯繫執行者仍然是物業經理，此外，面對住戶的諸多問題，也是由物業經理負責為住戶服務，因此物業經理另一個重要工作就是協助社區對外公關聯繫與住戶服務，茲條列如下。

一、對外事務公關聯繫：(1) 代替主委出席政府單位會議；(2) 出席區權人住戶大會；(3) 代替主委出席法院訴訟開庭；(4) 代替主委出席里長辦理社區議題活動或會議。

二、住戶服務：(1) 處理住戶或屋主投訴事宜；(2) 服務或處理住戶或屋主的電話或親身洽詢協助事宜；(3) 高齡者的需求服務；(4) 身心障礙者的需求服務；(5) 突發事件，如停水、停電、漏水、設備故障或意外等現場處理；(6) 定期到社區物業巡查督導，如檢視公共設施，若有故障情況應主動報修或督導環境整潔，有缺失處應立即請清潔人員改善。

課題 2.3
社區祕書的工作內容與職責

社區祕書有哪些工作內容與職責呢？

小叮嚀：基本上社區祕書的「工作內容與職責」最重要的是要具備專業的服務熱忱協助物業經理與管委會為住戶服務。當然協助執行社區的行政事務、文書事務以及財務事務處理也都是社區祕書的責任。

社區祕書在社區的工作職務內容較為繁瑣，主要為協助物業經理與管委會來執行社區的行政事務，一般規模不大的社區通常僅配置一位社區祕書，其工作內容與職責條列如下：

一、管委會相關事務處理：(1) 負責管委會工作行程之規劃安排，並隨行陪同；(2) 負責管委會事務流程之溝通、整合及規劃；(3) 負責管委會會議安排與通知，進行會議記錄並追蹤處理決議事項；(4) 負責協助管委會處理銀行事宜。

二、行政文書事務處理：(1) 整理簽核文件及發送，並負責追蹤執行狀況，隨時掌控進度；(2) 負責紙本文件表單的歸檔及保存；(3) 負責社區電腦資料建檔與管理；(4) 舉辦社區晚會或節慶活動。

三、社區財務事務處理：(1) 負責預算編審與控管 (2) 負責收款、核帳、取款、查帳等帳務處理；(3) 負責製作社區月財務報表；(4) 跑銀行郵局、採買；(5) 管理費代收與催收。

四、社區住戶服務：(1) 接待訪客，確定其拜訪性質及目的，並聯絡住戶；(2) 傾聽並處理住戶的抱怨；(3) 負責人員進出管制、收發信件、代收包裹、接待訪客、代叫計程車；(4) 負責幫住戶影印文件；(5) 處理住戶的其他要求。

社區規模若甚大（如超過一千戶）或是社區定位為豪宅（如帝寶）等級，則社區祕書的人力配置就會有 2 位以上，故可依其主要的工作屬性可歸類為生活祕書、行政祕書、財務祕書等類別說明如下數節。

課題 2.3.1

生活祕書的工作內容

生活祕書有哪些工作內容與職責呢？

小叮嚀：基本上生活祕書的「工作內容與職責」最重要的是要具備親切的笑容以及熱忱的服務態度提供住戶生活上服務。當然協助人員進出管制、收發信件、代收包裹、接待貴賓等也都是生活祕書的責任。

生活祕書又稱櫃台祕書或接待祕書或會所祕書，生活祕書與住戶緊密性高，時常協助住戶生活上服務，如代訂商品、公共設施預約、郵件保管、乾洗等生活上大小事宜。主要工作內容以人員進出管制、收發信件、代收包裹、接待貴賓並引導至宴會廳、沖茶泡咖啡、代叫計程車、接待訪客並確定其拜訪性質及目的後聯絡住戶、來電接聽過濾與轉接並提供資訊及留言服務等，若社區提供會館或吧枱等公共設施，生活祕書需具備製作簡單餐點之技能甚至要會咖啡拉花技術。

若是擔任豪宅生活祕書，通常上班時間也會比一般人早，早上就需要開始處理內部的各式文件及郵件，有時甚至會需要協助貴婦們購物，或是協助布置派對的場地及餐點，以滿足住戶個別客製化需求，提供精緻貼心的私人生活管家服務。爲能完成住戶賦予的任務，生活祕書需具備親和力、保持熱忱、誠心關懷住戶的工作態度，才能勝任此份工作。

課題 2.3.2 行政祕書的工作內容

行政祕書有哪些工作內容與職責呢？

小叮嚀：基本上行政祕書的「工作內容與職責」最重要的是要具備親切的笑容以及熱忱的服務態度提供住戶行政事務上服務。當然協助發布社區公告、寫工作日誌、製作會議記錄、主管工作行程之規劃安排、管委會事務流程之溝通、整合及規劃、採購社區所需物品、公設設備的維護與報修等也都是行政祕書的責任。

行政祕書的主要工作內容以社區行政事務為主，如發布社區公告、寫工作日誌、參與管委會議以製作會議記錄、主管工作行程之規劃安排、管委會事務流程之溝通、整合及規劃、採購社區所需物品、協助清潔人員維持社區的整潔、公設設備的維護與報修、籌辦節慶活動（中元節普渡供品採買、聖誕節社區裝飾與布置等）、協助推動大樓 / 社區各項資產管理事務，如公共財產管理、區分所有權人會議召開、一般文書資料處理工作、維護更新與管理各類文件檔案（如：合約、會議記錄、書目資料、活動文件）以及資料庫系統、完成工作時程表、管理行事曆、負責會議協調與安排、簽核文件整理及發送並負責追蹤執行狀況等。

若社區屬性為商務型住宅，常由企業所承租，社區行政祕書必須精通雙語（日文、英文）溝通的能力。當然豪華商務型住宅為滿足住戶個別客製化需求，提供專業的私人商務服務。為能完成住戶賦予的任務，行政祕書需具備基本商務知識、保持熱忱、熱心服務住戶的工作態度，才能勝任此份工作。

課題 2.3.3

財務祕書的工作內容

財務祕書有哪些工作內容與職責呢？

小叮嚀：基本上財務祕書的「工作內容與職責」最重要的是要具備親切的笑容以及熱忱的服務態度提供住戶財務事務上服務。當然協助管理費代收與催收、零用金支出的管理、製作財報、跑郵局銀行、協助社區報稅、處理社區帳務之收款、核帳、取款、查帳等也都是財務祕書的責任。

財務祕書又稱會計祕書，財務祕書的主要工作內容以社區財務管理事務爲主，如管理費代收與催收、零用金支出的管理、結算當月總支出並製作財報、跑郵局銀行、協助社區報稅、處理社區帳務之收款、核帳、取款、查帳、負責預算編審與控管、廠商請款與管理費銷帳等。

社區的會計帳基本原則就是要「簡單明瞭」，由於管理委員、住戶不必然是財務的專業人士，且社區事務基本上也不是太複雜，因此財務祕書必須要把財務報表內容讓住戶能夠了解到社區公共事務是否有確實執行、帳戶收支是否合理，並做到社區財務要公開透明。

社區財務祕書編列財務科目大致可分類如下：

一、收入科目：(1) 管理費收入：每月或隔月定期收取之費用，作爲支付日常公共水電費、管理服務費等支出用；(2) 車位費收入：公用停車空間出租之租金收益；(3) 利息收入：活期、定期存款之利息收益。

二、支出科目：(1) 管理服務費：包括委託管理公司的費用，或自聘服務人員的薪資、加班費、年節獎金、勞健保、意外保險等費用；(2) 公共電費：維持公共區域、公共設備正常運作之電費支出；(3) 公共水費：維持公共區域、公共設備正常運作之水費支出；(4) 公共電話費：管理人員公務電話費用；(5) 行政庶務費：如文具紙張、影印、書報雜誌、郵電等費用；(6) 電梯保養費：維持昇降機正常運作之定期保養費用，平均每月保養一次；(7) 汙（廢）水設備保養：維持化糞池、汙水水道暢通之定期清理保養費用，平均每年進行一次；(8) 弱電保養：如監視器、門鈴等設備的保養；(9) 發電機保養：維持發電機正常運作之例行檢測保養費用，平均每月檢測保養一次；(10) 園藝保養：社區公共綠地之栽種、修剪維護費用，平均每月維護 1-2 次；(11) 消防設備維護及申報：消防箱、消防幫浦等消安設備之例行檢修與定期查驗之申報費用，例行檢修工作平均每月進行 1 次，查驗申報則每年進行 1 次；(12) 社區活動費：包括社區內外的活動舉辦、公關禮金等費用。

社區財務祕書編列財務表單種類大致可區分爲「例行的」、「應有的」、「特殊的」三類，詳細說明如下：

一、例行的財務表單：(1) 社區資產清冊；(2) 零用金收支憑證；(3) 零用金收支明細表；(4) 收支月報表；(5) 管理費繳費通知；(6) 管理費繳交明細表；(7) 年度收支統計表；(8) 年度預決算表。

二、應有的財務表單：(1) 物品請購單；(2) 收支日報表；(3) 應付 / 應收報表；(4) 費用支出比較表；(5) 存摺收支明細表。

三、特殊的財務表單：(1) 資產負債表；(2) 損益表。

課題 2.4

物業管理公司主管的職責

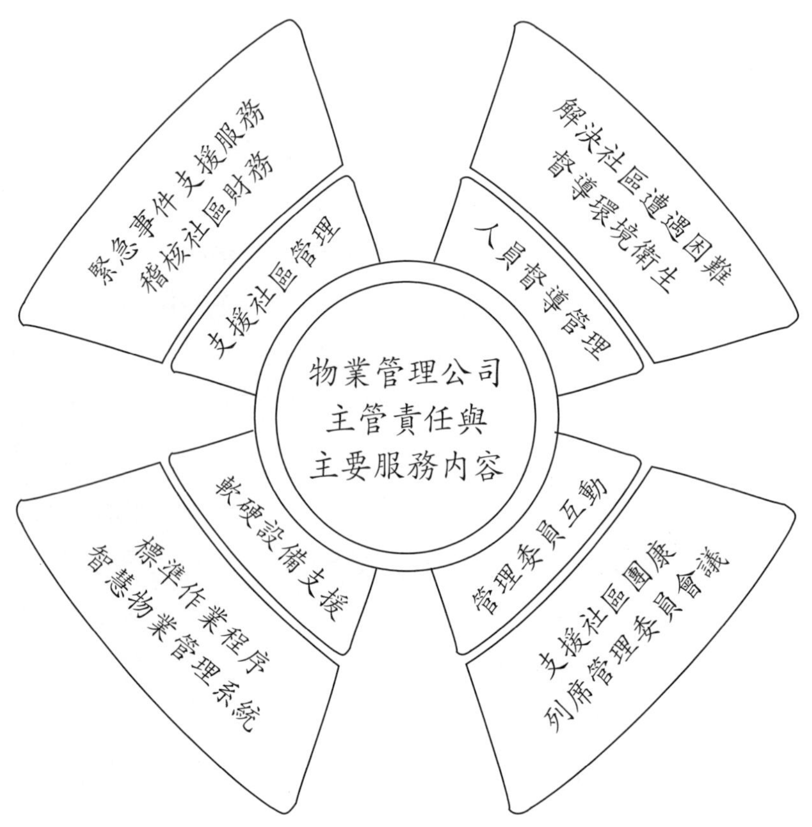

物業管理公司主管工作職責與主要服務內容架構圖

物業管理公司主管在社區的重要工作職務內容為何？

小叮嚀：物業管理公司主管最重要工作是督導並協助派駐在社區的物業經理、祕書、保全與清潔人員落實提供優質的社區服務管理同時定期財務稽核督導作業避免捲款潛逃或侵占公款等弊端發生。當然緊急事件支援服務、智慧化物業管理 APP 系統導入社區服務管理、列席管理委員會例會會議以及代表公司與社區管理委員會維持良好互動也都是物業管理公司主管的責任。

物業管理公司主管的工作職務內容主要爲督導並協助派駐在社區的物業經理、祕書、保全與清潔人員落實提供優質的社區服務管理，通常一位物業管理公司主管會負責督導與管理 10 多個社區（視公司規模而定）並且視情況代表公司出席管委會會議與區分所有權人會議，基本上物業管理公司主管對於穩定物業公司在社區的服務品質以及維持物業公司與管委會的良性互動具有重要的功效，其工作內容與職責條列如下：

一、社區服務人員督導管理與提供協助：(1) 督導社區服務工作人員服裝儀容整齊；(2) 關心社區服務工作人員身心狀況與工作狀態；(3) 督導社區工作人員服務態度良好；(4) 督導值勤環境衛生整潔；(5) 督導社區服務工作人員現場設備操作熟練度；(6) 解決社區服務工作人員遭遇的困難。

二、支援社區事務管理：(1) 管委會例會決議事項追縱進度管考；(2) 協助社區建構長期修繕計畫建議；(3) 提供公司制式的管理文件範本供管理社區參考；(4) 觀察提出社區公設改善建議；(5) 定期財務稽核督導作業避免捲款潛逃或侵占公款；(6) 提供公司管理其他社區遭遇問題經驗分享；(7) 支援社區申請政府社區補助款如節能減碳補助或外牆拉皮補助等；(8) 出席區分所有權人大會；(9) 提供社區各種登記簿冊；(10) 緊急事件支援服務。

三、軟硬體設備支援：(1) 提供勤務標準作業程序（SOP）與巡邏配備支援；(2) 智慧化物業管理 APP 系統導入社區服務管理；(3) 支援區分所有權人大會使用裝備；(4) 提供自動體外心臟電擊去顫器（AED）心肺復甦硬體及 CPR 軟體教學支援；(5) 協助申請公司制式各種立牌如活動拒馬等。

四、代表公司與社區管理委員會維持良好互動：(1) 列席管理委員會例會會議；(2) 加入管委會通訊群組；(3) 參加支援社區團康活動；(4) 協助社區參加優良社區評選競賽；(5) 提供管委會社區管理專業咨詢。

課題 2.5

物業管理公司的防疫管理任務

物業管理公司的防疫管理重要工作內容為何？

小叮嚀：物業管理公司的防疫管理任務最重要的是，針對所服務社區的防疫管理必須要嚴格執行：(1) 公共區域消毒；(2) 進入社區應完全落實量體溫與戴口罩；(3) 加強空調設施設備的保養，及巡查與通風設施正常運作；(4) 重點區域高頻率消毒滅菌；(5) 開啟新風系統或保持空氣流通；(6) 加強汙水處理設備的保養及巡查，以防堵新冠肺炎病毒傳播鏈在社區蔓延。

新冠肺炎疫情二度進入社區傳播，2022 年 3 月 31 日聯合報報導新北市中和公寓群聚案延燒[3]，已有 16 人確診，其中 8 人住在同一棟公寓，醫師認爲該案可能還是經由「管道間的空氣／氣溶膠傳染」。而 2022 年 4 月 21 日聯合報報導國內本土病例直逼三千例，專家表示「與疫共存」後，若染疫人口達到單日破萬，憂心壓垮醫療量能[4]。政府爲維持醫療量能，指揮中心宣布調整輕重症分流收治條件，明訂 65 歲以下、無懷孕或無血液透析的輕症個案可居家照護[5]。因此物業管理公司針對所服務社區的防疫管理工作是必須要嚴格執行與落實，方能防堵新冠肺炎病毒傳播鏈在社區蔓延，茲針對社區的防疫管理工作內容與職責條列如下：

一、落實公共區域消毒：社區的公共區域如一樓大廳、電梯、廁所、健身房、圖書室、會議室、KTV、俱樂部、游泳池、桌球室、撞球室等公共放空間都必須要落實每日至少消毒一次。

二、進入社區應完全落實量體溫與戴口罩：防疫專家研究戴口罩是防堵病毒傳播擴散的最佳方法，歐洲地區有些國家甚至強制搭捷運必須配戴 N95 口罩，因此落實進入社區量體溫與戴口罩仍是最佳的防疫措施之一，但是，大多數社區的車道出入口並未配置保全員，因此進入社區後應於搭電梯前完全落實量體溫與戴口罩以免造成社區防疫破口。有些社區配置紅外線溫度感測儀，可以快速並完全落實量體溫。

三、嚴格執行防疫登記：社區訪客應落實實名制登記，目前各大營業場所雖已取消實名制管理，但是對於社區而言採實名制管理，比較能具體

3　資料來源：https://udn.com/news/story/120940/6204947

4　資料來源：https://udn.com/news/story/120940/6256788?from=udn_ch2_menu_v2_main_cate

5　資料來源：https://udn.com/news/story/122190/6246831

掌握外來訪客資訊，萬一爆發社區感染疫較能提供政府部門完整追蹤資料以利管控疫情，因此社區仍應強化「社區防疫資訊」管理透明化，落實實名制登記。

四、加強空調設施設備的保養及巡查與通風設施正常運作：防疫期間應加強公共開放空間的通風，如社區配置新風系統或全熱交換機應定時開啟（若無此設備則可定時開啟窗戶通風），以便確保公共開放空間的通風良好以避免病毒傳播。而空調設施設備在防疫期間應落實定期保養及清潔消毒，以免滋生病毒。而空調設施若能加裝滅菌設備，也可減少病毒傳播。

五、防疫知識宣傳：可以透過社區 LINE 群組、電梯內顯示器、電子布告欄等工具發送政府最新的防疫資訊或防疫知識宣傳，以落實防疫宣導提醒社區住戶一起來落實防疫生活。

六、強化防疫物資部署：平時應準備充足的防疫物資（如：額溫槍、口罩、隔離衣、藥用酒精等），以便疫情緊繃及平時防疫使用。

七、重點區域高頻率消毒滅菌：一樓大廳、電梯、廁所、各公共空間門把、開關與按鍵以及多人使用空間等應列為重點清消區域，進行每天至少三次的高頻率消毒滅菌。當然也可考慮改裝免接觸的聲控電梯並於電梯內加裝滅菌設備或是將門改裝為自動門減少接觸感染的機會。高雄鳳山某大樓群聚累計5確診，推測先後搭電梯接觸傳染[6]，因此強化電梯的消毒滅菌確實有其必要性。

八、開啟新風系統或保持空氣流通：公共空間保持空氣流通是社區防疫管理必須落實的基本要求，因此社區公共空間配置的新風系統或全熱交換機應定時開啟，若無通風設備則應定時開啟窗戶通風。

---

6 資料來源：https://health.udn.com/health/story/120950/5568588。

九、加強汙水處理設備的保養及巡查：中國防疫專家鍾南山指出，患者的糞便中可分離出活的新冠病毒，代表社區汙水可能會成爲一個新的感染源。新加坡利用下水道汙水監測，發現測出新冠病毒，擔憂有擴散社區感染的可能，因爲該地居民竟有 6 人核酸檢測驗出陽性。其實國外過去力抗疫情，就曾展開大規模汙水檢測，希望找出汙水各處隱藏的病毒。對此，前中央流行疫情指揮中心指揮官陳時中證實，國內長期有執行汙水監測，確實有2處汙水有監測到病毒量[7]。所以防疫期間必須絕對嚴防汙水幫浦故障造成地下室汙水溢流以免病毒擴散，因此防疫期間應加強汙水處理設備的保養及巡查，以免汙水處理設備故障造成防疫破口。同時若您的社區地下室有濃濃的糞水味道，代表汙水處理設施有汙水外洩或未密封恐有感染風險，應盡速處理以免造成防疫破口。

十、增購防疫設備：物管公司評估社區大樓若是財力許可，可建議管委會在疫情高峰期間於社區公共空間人員入口處設置「防疫門」以及「紅外線感應自動酒精噴霧機」，或是購置「具滅菌功能的空氣清淨機」放置在人潮多的公共空間以及在電梯安裝「具滅菌功能的殺菌燈或空氣清淨機」，來強化防疫管理降低病毒在社區傳播機率。

7　資料來源：https://www.edh.tw/article/27526。

課題 2.6

導入智慧化物業管理服務系統

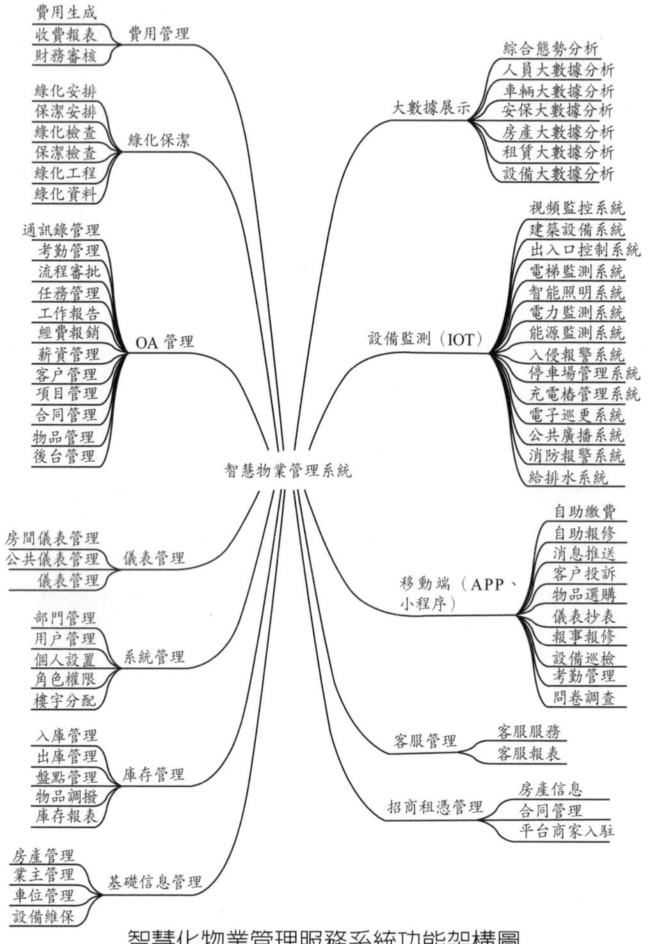

智慧化物業管理服務系統功能架構圖

物業管理公司在「導入智慧化物業管理服務系統」有哪些責任呢？

小叮嚀：基本上物業管理公司在「導入智慧化物業管理服務系統」管理服務最重要的是將社區財務資訊建置於物業管理服務系統以及將社區會議記錄建置於物業管理服務系統讓社區財務管理與運作管理透明化。當然將社區設備與財產資料建置於物業管理服務系統以及將設施修繕保養記錄建置於物業管理服務系統都是物業管理公司的責任。

台灣在物業管理服務系統可說是百家爭鳴，市場上有非常多的選擇，甚至有一些是免費的服務系統，當然一分錢一分貨，付費的系統具備完整的服務功能如上圖所示。而物業管理公司針對「導入智慧化物業管理服務系統」的責任爲：(1) 將社區財務資訊建置於物業管理服務系統；(2) 將社區會議記錄建置於物業管理服務系統；(3) 將社區設備與財產資料建置於物業管理服務系統；(4) 將設施修繕保養記錄建置於物業管理服務系統；(5) 將值勤服務班表建置於物業管理服務系統，茲說明內容如下：

一、將社區財務資訊建置於物業管理服務系統

財務資訊是社區管理非常重要的資料，因此將社區財務資訊建置於物業管理服務系統乃是首要工作，除了可以完整記錄歷年來社區的財務狀況，更可避免因管委會換屆或更換物業管理公司而造成財務資料交接不完全或資料遺失的窘況，同時也可讓社區財務管理更加透明化而減少弊端與紛爭，甚至也可進一步以此財務資料基礎去推估未來在建築物生命週期 50 年內所需要準備的修繕基金，因此物業管理公司應協助社區將財務資訊完整建置於物業管理服務系統。

二、將社區會議記錄建置於物業管理服務系統

會議記錄也是社區管理非常重要的資料，因此將社區會議記錄建置於物業管理服務系統也是重要的任務，除了可以完整保存歷年來社區的管委會會議記錄以及區分所有權人的會議紀錄，更可避免因管委會換屆或更換物業管理公司，而造成會議紀錄資料交接不完全或資料遺失的窘況，同時也可讓社區會議記錄更加透明公開化而減少弊端與紛爭，因此物業管理公司應協助社區將會議記錄資訊完整建置於物業管理服務系統。

三、將社區設備與財產資料建置於物業管理服務系統

設備與財產資訊是社區管理非常重要的基本資料，因此將社區設備與財產資訊建置於物業管理服務系統乃是最重要的基本工作，除了可以完整記錄社區的設備與財產狀況，更可避免因管委會換屆或更換物業管理公司，而造成設備與財產資料交接不完全或資料遺失的窘況，同時也可讓社區設備與財產管理更加透明化而減少弊端與紛爭，甚至也可進一步以此設備與財產資料基礎，去擬定未來在建築物生命週期 50 年內所需進行的長期修繕計畫，因此物業管理公司應協助社區將設備與財產資訊完整建置於物業管理服務系統。

四、將設施修繕保養記錄建置於物業管理服務系統

施修繕保養資訊也是社區管理非常重要的基本資料，因此將社區設施修繕保養資訊建置於物業管理服務系統乃是最重要的基本工作，除了可以完整記錄歷年來社區的設施設備修繕保養狀況，更可避免因管委會換屆或更換物業管理公司，而造成設施設備修繕保養資料交接不完全或資料遺失的窘況，同時也可讓社區設施設備修繕保養有更加完整的紀錄而減少不必要的修繕與浪費，甚至也可進一步以此設施設備修繕保養資料為基礎，去擬定未來在建築物生命週期 50 年內所需進行的長期修繕計畫，因此物業管理公司應協助社區將設施修繕保養資訊完整建置於物業管理服務系統。

五、將值勤服務班表建置於物業管理服務系統

值勤服務班表資訊也是社區管理非常重要的基本資料，因此將社區值勤服務班表資訊建置於物業管理服務系統也是重要的基本工作，除了可以完整記錄社區的值勤服務狀況，更可提供管委會即時掌握現場值勤人員狀

況，同時也管委會及公司皆監督出勤情形避免人員翹班或偷哨，以提升社區管理服務品質，因此物業管理公司應協助社區將值勤服務班表資訊完整建置於物業管理服務系統。

單元 3

保全公司的專業服務工作內容

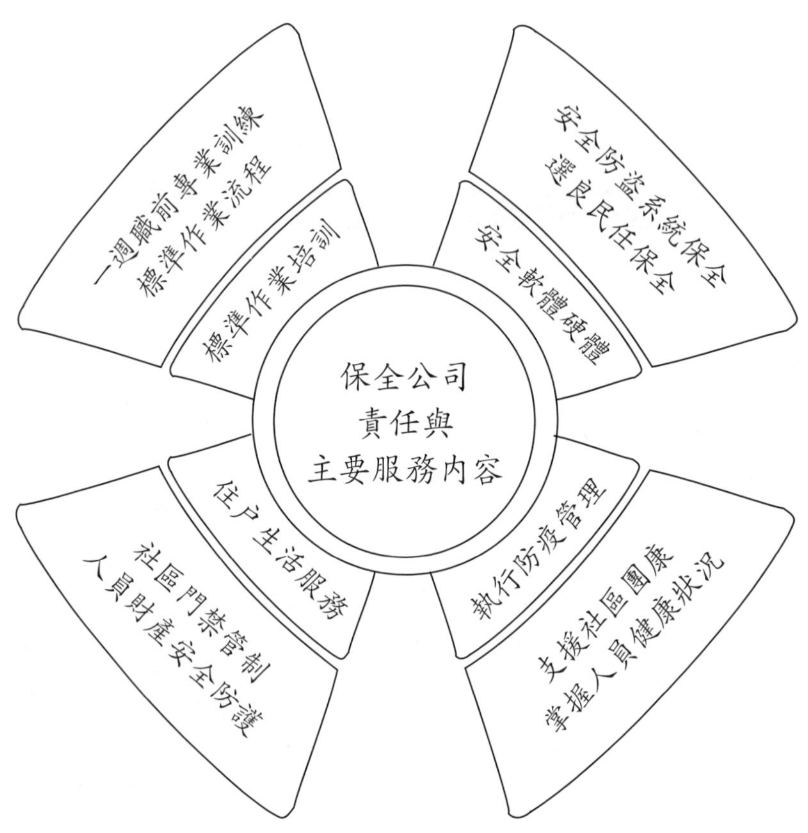

保全公司責任與主要服務內容架構圖

保全公司的專業服務內容有哪些呢？保全公司需執行之重要業務大致上可以分成如下幾類：社區安全軟硬體服務、安全管理標準作業流程與培訓、住戶生活服務以及防疫管理等（陳明章，2016），將分別說明如後。

課題 3.1 保全公司安全維護管理的責任

保全公司安全維護管理有哪些責任呢？

小叮嚀：基本上保全公司的責任為提供住戶優質安全的「社區安全軟硬體服務」，以及完善的「安全管理標準作業流程服務」以因應各種安全上的突發狀況。當然更重要的是由於保全人員流動性高，人員素質參差不齊，因此保全公司需挑選優質的保全人員來執行社區的安全管理服務，也是保全公司的責任。

保全公司安全維護管理的責任主要可分爲針對「社區安全軟硬體服務」及「安全管理標準作業流程服務」等兩個面向的維護管理責任，針對「社區安全軟硬體服務」保全公司應負起提供應負起提供優質的安全居住環境管所需之社區安全軟硬體服務的責任；針對「安全管理標準作業流程」保全公司應負起提供各種安全突發狀況（如火災、地震等）的安全管理標準作業流程服務，茲說明如後。

課題 3.1.1 社區安全軟硬體服務

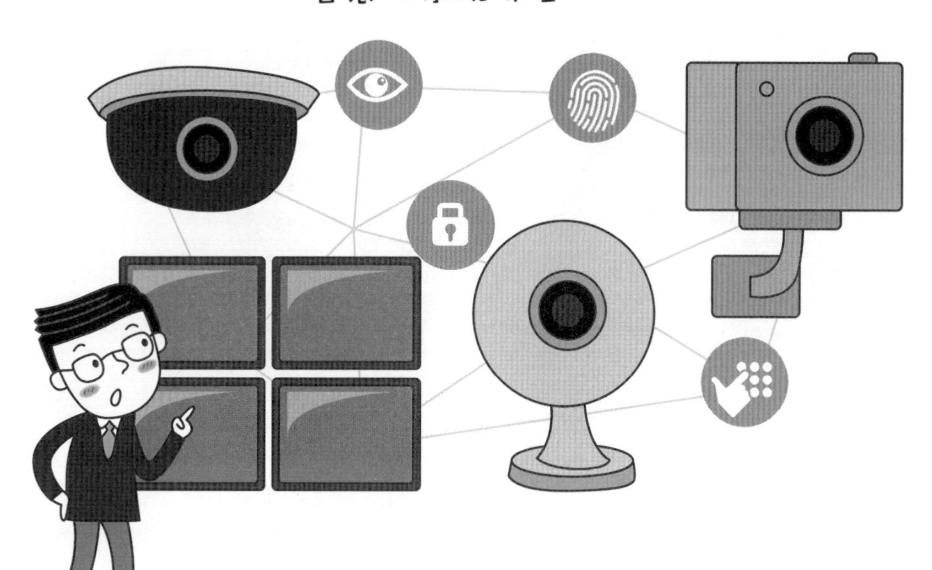

保全公司在「社區安全軟硬體服務」有哪些責任呢？

小叮嚀：基本上保全公司在「社區安全軟硬體服務」管理服務最重要的是落實檢送聘任的保全人員名冊報請當地主管機關查核，以確保具備「良民身分」的保全人員來執行安全管理勤務。當然確保保全人員穩定值勤、提供優質生活服務工作以及提供智慧化系統保全或安全防盜系統服務都是保全公司的責任。

保全公司公司針對「社區安全軟硬體服務」的責任爲聘任操守佳可信賴的保全人員爲社區服務以及提供穩定的系統保全或安全防盜系統爲社區安全做到滴水不漏，將由保全人員及相關系統保全廠商來提供服務，可細分其服務內容如下：

一、慎選具良民身份的保全人員値勤

保全人員與社區住家及住戶生活非常貼近又是負責安全管理，因此人員聘用上最重要的是應挑選道德操守佳可信賴的工作人員來執行安全管理勤務，所以保全業法第 10-1 條第 2 至 4 款規定有下列情形之一者，不得擔任保全人員[1]：(1) 曾犯組織犯罪防制條例、肅清煙毒條例、麻醉藥品管理條例、毒品危害防制條例、槍砲彈藥刀械管制條例、貪汙治罪條例、兒童及少年性交易防制條例、兒童及少年性剝削防制條例、人口販運防制法、洗錢防制法之罪，或刑法之第 173 條至第 180 條、第 185 條之 1、第 185 條之 2、第 186 條之 1、第 190 條、第 191 條之 1、妨害性自主罪章、妨害風化罪章、第 271 條至第 275 條、第 277 條第 2 項及第 278 條之罪、妨害自由罪章、竊盜罪章、搶奪強盜及海盜罪章、侵占罪章、詐欺背信及重利罪章、恐嚇及擄人勒贖罪章、贓物罪章之罪，經判決有罪，受刑之宣告。但受緩刑宣告，或其刑經易科罰金、易服社會勞動、易服勞役、受罰金宣告執行完畢，或判決無罪確定者，不在此限。(2) 因故意犯前款以外之罪，受有期徒刑逾六個月以上刑之宣告確定，尚未執行或執行未畢或執行完畢未滿一年。但受緩刑宣告者，不在此限。(3) 曾受保安處分之裁判確定，尚未執行或執行未畢。

上條件也就是要求保全員應該要具備「良民身分」，但並不等於要保

---

[1] 資料來源：https://law.moj.gov.tw/LawClass/LawSingle.aspx?pcode=D0080081&flno=10-1

全員主動提供「良民證」（良民證的正式名稱爲「警察刑事紀錄證明」）才能聘任的，因爲依據公寓大廈管理服務人管理辦法，良民證並非成爲管理人員必要的文件，所以如果社區大樓管委會，強制要求管理人員提供良民證，則恐涉違反就業隱私規定，依法最高可處30萬元[2]！然而大樓的安全管理工作必須重視保全人員的人品素質，所以保全業法第10條規定[3]：保全業應置保全人員，執行保全業務，並於僱用前檢附名冊，送請當地主管機關審查合格後僱用之。必要時，得先行僱用之；但應立即報請當地主管機關查核。同時保全業法施行細則第6條規定：「本法第十條所稱必要時，指保全業非先行僱用保全人員，即無法營運；保全業應於僱用後二日內，報請當地主管機關查核，當地主管機關並應於五日內核復。」從以上條文可知要確認所聘任的人員是否滿足保全業法第10條之1的條件沒有相關犯罪紀錄的良民就可以透過保全公司報請當地主管機關查核所聘用的保全人員是否具備「良民身分」。

目前勞動人力短缺，有時候並不容易找到合適的保全人員，保全公司有可能會因爲找不到人而省略報請當地主管機關查核所聘用的保全人員，因此住戶可敦促管委會應確實要求保全公司必須落實檢送聘任的保全人員名冊報請當地主管機關查核，以確保社區住戶安全。

二、確保保全人員穩定値勤

實務上台灣因爲高齡化造成勞動人力短缺，再加上六都效應住宅商辦大樓不斷增加，形成保全就業市場職缺多，同時因自由化市場價格差異化，往往保全找到另一個服務社區每月多一千元的薪資就跳槽了，從而也

2 資料來源：http://n.yam.com/Article/20200409646516

3 資料來源：https://law.moj.gov.tw/LawClass/LawAll.aspx?pcode=d0080081

造成保全人員的流動性高，因此保全公司應確保人員穩定性高，以免經常更換保全人員對住戶或設備操作不熟悉造成安全管理上的漏洞。

三、社區安全管理與住戶生活服務

實務上社區保全人員是面對住戶的第一線服務人員，雖然安全管理是基本任務，但工作屬性基本上卻是偏重於「生活服務」，與運鈔車的保全人員工作屬性純粹偏重於防搶的「安全服務」有些差異。主要的安全管理與住戶生活服務內容如下：

1. 張貼公告，代收包裹、快遞及郵件。
2. 社區門禁管制，來賓訪客與施工廠商的接待、登記。
3. 執行管理中心值班、社區巡邏與守望相助等勤務。
4. 安全維護，人員及財產安全防護，防災、防火、防盜、防搶。
5. 通知聯絡公共設備的修繕與瓦斯使用度數登記。
6. 處理住戶客訴，並規勸喧嘩及濫用公物等行為。
7. 執行公共設施的各項使用管理辦法。
8. 主動幫忙年老住戶提重物或按電梯。
9. 主動攙扶行動不便或視障住戶過馬路或按電梯。
10. 主動幫忙需要協助的住戶。

四、智慧化系統保全或安全防盜系統服務

隨著危老都更產生小規模基地建案增多以及 AI 人工智慧科技進步，小規模基地社區或經費拮据的社區多導入智慧化系統保全或安全防盜系統服務。若社區規模小於 50 戶其經濟規模難以支付 24 小時人力保全服務，通常建商會規劃一套智慧化系統保全取代夜間保全人力，搭配日間 8 小時或 12 小時行政保全提供住戶服務。

智慧化系統保全又稱電子保全、機械保全，是以先進之電子科技產品，建立自動報警系統，即在服務社區的管理範圍及周邊，視其需要安裝防盜、防火、防災以及水位或設施異常等各種感知器，利用專線將警訊傳送至保全公司的管制中心。提供 24 小時全天候監控，遇有警報發生即派遣巡邏中保全人員前往處理，狀況特殊隨即聯絡警方支援及通知客戶，務使防護區域安全無虞（王若芷，2017）。

目前的智慧化系統保全導入物聯網應用，除了整合 AI 人工智慧，也透過「人臉辨識」、「機器學習」結合集團資源與技術，也同時將科技和便利生活無縫接軌，例如中保科的「中保無限 +」、「異常偵測告警影像通報系統」及「119 火災通報裝置」，藉由物聯網 IOT 設備整合智慧家庭系統[4]、火警受信總機、室內消防栓、自動撒水、排煙與緊急廣播設備資訊，進行 24 小時遠端訊號監控並進行偵測。若發生火災可快速通報 119 及社區管理層級人員，確認受信總機火災發生位置，立即派員前往確認及啟動自衛消防編組作業，進行通報、滅火、避難引導、安全防護及救護等初期應變作爲[5]。主要的智慧化系統保全或安全防盜系統服務內容如下[6]：

1. 智慧化門禁系統：人臉、指紋辨識或刷卡系統門禁管理服務。
2. 中控中心全日 24 小時電話或線上住戶服務：提供 24 小時緊急救援服務電話如受困電梯、無法刷卡進出社區大門、意外事故傷害等，緊急時中控中心將派保全員協助或報警協助。
3. 全日 24 小時遠端防盜安全監控與機動巡邏服務：中控中心指派專人 24 小時監控監視設備畫面並結合 AI 人工智慧系統輔助監管，發現異常或盜賊入侵將即時通報並派保全員到現場協助或報警處理。同時也有保全

4 資料來源：https://www.secom.com.tw/products/products_01.aspx?id=2016110001
5 資料來源：https://www.businesstoday.com.tw/article/category/183015/post/202007280008/
6 資料來源：https://www.secom.com.tw/products/products_01.aspx?id=2021050001

人員不定時機動到社區周邊巡邏服務。

4. 防災監控服務：防水閘門漏水遠端偵測、機房漏水遠端偵測、機房漏水遠端偵測、汙水池水位異常遠端偵測、蓄水池水位異常遠端偵測、機坑地下水位遠端偵測、地下室與停車場水位遠端偵測、設備故障遠端偵測及報修。

課題 3.1.2
安全管理標準作業流程與培訓

保全公司在「安全管理標準作業流程與培訓」有哪些責任呢？

小叮嚀：基本上保全公司在「安全管理標準作業流程與培訓」最重要的是依法落實新聘任無經驗的保全人員施予「一週」以上之「職前專業訓練」以滿足社區安全服務需求。當然對「現職保全人員」每個月應施予四小時以上的「在職訓練」以及制定安全管理標準作業流程供保全應變參考都是保全公司的責任。

《保全業法》第10條之2規定，保全業僱用保全人員應施予「一週」以上之「職前專業訓練」；對「現職保全人員」每個月應施予四小時以上的「在職訓練」[7]。所以保全公司召募到新進保全員若沒有保全護照，公司依法需針對新進保全員進行職前訓練。此外，社區會有各種突發狀況，因此應制定安全管理標準作業流程以供現場值勤保全人員應變處理參考。所以保全公司針對「安全管理標準作業流程與培訓」的責任為依法對新進保全進行「職前專業訓練」與「在職訓練」並建立安全管理標準作業流程保全人員應變參考。

一、制定安全管理標準作業流程

保全人員由於流動性高，因此有些時候常發生半夜火警報器鈴聲大響，保全人員檢查後沒有火災但卻沒辦法把火警報器鈴聲解除，導致社區住戶不勝其擾，所以保全公司應製作所有安全管理相關的標準作業流程供保全人員作業參考，常見的標準作業流程如下表所示：

常見的標準作業流程一覽表

編號	標準作業流程名稱
1	火警事件緊急應變處理流程
2	地震緊急應變處理流程
3	巡邏勤務作業流程
4	門禁管制作業流程
5	保全警衛服務品質標準化

7 資料來源：https://law.moj.gov.tw/LawClass/LawAll.aspx?pcode=d0080081

編號	標準作業流程名稱
6	停水緊急應變處理流程
7	停車場管理服務執行作業流程
8	停電緊急應變處理流程
9	掛號信件作業流程
10	訪客作業標準流程
11	跳樓、自殺事件緊急應變處理流程
12	電梯故障緊急應變處理流程
13	電話接聽禮儀
14	緊急事故處理流程
15	緊急救護應變處理流程
16	颱風緊急應變處理流程
17	暴力侵入緊急應變處理流程
18	竊盜事件緊急應變處理流程

二、完整教育訓練及職前培訓

實務上保全工作的門檻不高，再加上近年來大樓數量增加，保全人力需求大增，保全公司應徵保全人員可篩選性不高，因此人員素質參差不齊，所以要求保全人員接受完整職前培訓之後再到社區值勤，較能保障其服務品質。此外，依保全業法規定保全公司對「現職保全人員」每個月應施予四小時以上的「在職訓練」，讓保全人員能跟上時代腳步與時俱進，一般常見的「職前培訓」與「在職訓練」內容如下表所示：

「職前培訓」課程一覽表

編號	課程名稱
1	保全人員職責
2	勤務執行要領與細則
3	民法概要
4	刑法概要
5	公寓大廈管理條例
6	社區勤務各類表冊作業規定
7	安全巡邏作業要領
8	消防受信總機操作實務
9	值勤社區見習與交接

「在職訓練」課程一覽表

編號	課程名稱
1	防盜、防竊狀況處置要領
2	危機處理要領
3	溝通技巧
4	情緒管理
5	公寓大廈管理條例修法內容
6	颱風水災土石流防範要領
7	火災防範要領
8	地震疏散要領

課題 3.2

保全公司的防疫管理任務

保全公司在「防疫管理」有哪些責任呢？

小叮嚀：保全人員每天接觸社區住戶、訪客、廠商、施工人員、郵差及外送員等可說是新冠肺炎染疫的高風險群，所以保全公司在「防疫管理」最重要的是確實掌握保全及其他社區工作人員的健康狀況以確保社區服務人員無傳播病毒風險。當然對協助社區執行防疫管理也都是保全公司的責任。

資料來源：蘋果日報[8]

保全人員每天接觸社區住戶、訪客、廠商、施工人員、郵差及外送員等可說是新冠肺炎染疫的高風險群，當然清潔人員、社區祕書或物業經理每天也都必須面對諸多人群，且都在室內空間工作，也是屬於新冠肺炎感染高風險的一群[9]，尤其是目前已有兩起保全染疫案例，第一起是於 2020

8　來源網址：https://tw.appledaily.com/headline/20200404/4T6IVMENAINTM3FIG53SSLSIDE/

9　資料來源：陳建謀，「【誰是高風險群】沒守住管理員恐成超級傳播者」，2020-02-19，蘋果日報，紙本與網路版。網址：http://www.a-just.com/index.php?m=Article&a=show&id=565

年 4 月 3 日媒體報導台北市高級社區保全染疫[10]，第二起是於 2022 年 1 月 8 日媒體報導桃園機場再增 1 女保全染疫[11]，所以保全公司的防疫管理任務除了協助社區執行防疫管理之外，疫情高峰期也應確實掌握保全人員的健康狀況，除了要求值勤的保全員必須每日量體溫登記回報公司之外，也應協助社區的服務人員如清潔人員、社區祕書或物業經理記錄體溫給管委會了解社區工作人員的健康狀況。

---

10 資料來源：https://ctee.com.tw/news/policy/246663.html

11 資料來源：https://tw.stock.yahoo.com/news/%E6%A1%83%E6%A9%9F%E5%86%8D%E5%A2%9E1%E5%A5%B3%E4%BF%9D%E5%85%A8%E6%9F%93%E7%96%AB-%E8%B6%B3%E8%B7%A1%E9%83%BD%E5%9C%A8%E6%A1%83%E5%9C%92%E5%B8%82-041300215.html

單元 4

清潔公司的專業服務工作內容

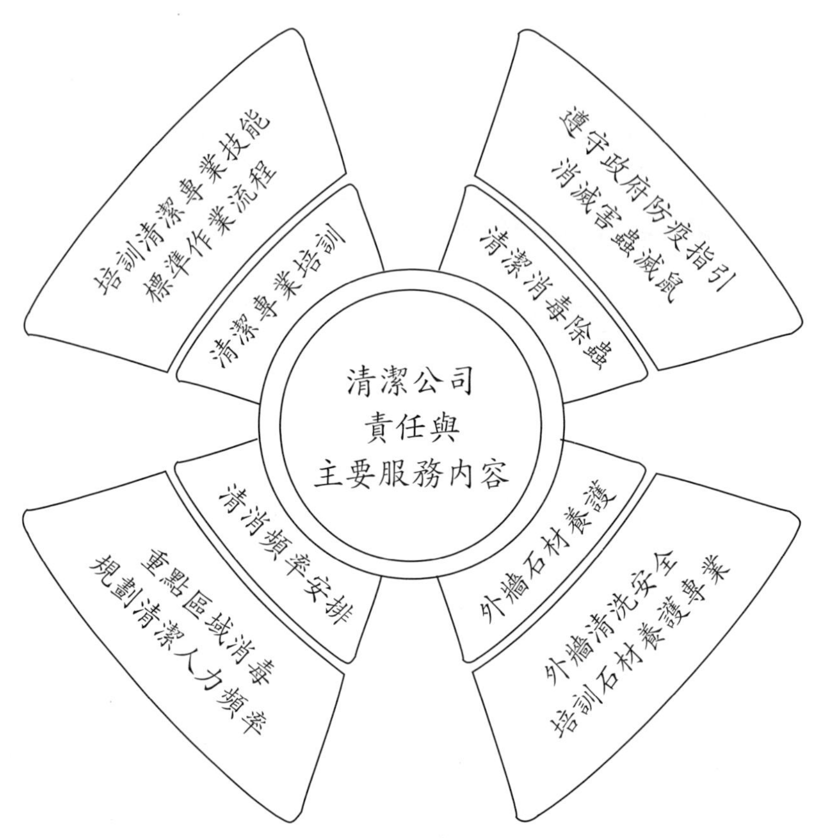

清潔公司責任與主要服務內容架構圖

清潔公司的專業服務內容有哪些呢？ 清潔公司需執行之重要業務大致上可以分成如下幾類：清潔人員的專業培訓與建立各種清潔的標準作業流程、建築物及設備與周圍環境之清潔、消毒與除蟲、清潔區域的人力與清消頻率安排、石材養護及地板打臘維護以及大樓外牆清洗等，將分別說明如後。

課題 4.1

清潔公司的清消管理責任

清潔公司的清消管理有哪些責任呢？

小叮嚀：基本上清潔公司的清消管理責任最重要的是「清潔人員的專業培訓」，以及建立完整的「各種清潔的標準作業流程」以確保服務品質。當然環境之清潔、消毒與除害蟲也是清潔公司的重要責任。

清潔公司的清消管理的責任主要可分爲針對「清潔人員的專業培訓與建立各種清潔的標準作業流程」、「建築物及設備與周圍環境之清潔、消毒與除蟲」、「清潔區域的人力與清消頻率安排」以及「石材地板養護與大樓外牆清洗」等四個面向的維護管理責任，針對「清潔人員的專業培訓與建立各種清潔的標準作業流程」清潔公司應負責培訓服務人員的清潔專業技能與專業知識；針對「建築物及設備與周圍環境之清潔、消毒與除蟲」清潔公司應聘任認眞負責以及合適的清潔人員來執行清潔任務，並遵守政府制定的防疫指引進行清潔消毒以及提供消滅蚊子、蟑螂、白蟻、跳蚤等除蟲或滅鼠服務；針對「清潔區域的人力與清消頻率安排」清潔公司應完整規劃社區清潔人員負責的清掃與消毒區域，以及防疫期間加強重點區域如廁所、電梯、門把等之消毒頻率；針對「石材地板養護與大樓外牆清洗」清潔公司應負責培訓服務人員的石材治理與維護的專業技能與知識，並確認大樓外牆清洗機具、人員均有合格證照，以確保服務品質與作業安全，茲說明如後。

課題 4.1.1

清潔人員的專業培訓與建立各種清潔的標準作業流程

電梯清潔之標準作業服務流程

將清掃的警示牌掛在明顯的地方

玻璃清潔劑及不鏽鋼保養劑

將清潔／保養劑噴於抹布上

以抹布擦拭玻璃／不鏽鋼部分打亮

注意擦拭電梯門及按鍵面板的手痕部分

清潔公司在「清潔人員的專業培訓與建立各種清潔的標準作業流程」有哪些責任呢？

小叮嚀：基本上清潔公司在「清潔人員的專業培訓與建立各種清潔的標準作業流程」管理服務最重要的是落實培訓服務人員的清潔專業技能以便能快速正確地為社區完成環境清潔服務。當然建立各種清潔的標準作業流程讓清潔人員快速了解其清潔工作應有的內容及作業需準備的工具與材料、提供優質生活服務工作以及培訓清潔人員使用化學清潔藥劑的專業知識都是清潔公司的責任。

清潔公司針對「清潔人員的專業培訓與建立各種清潔的標準作業流程」的責任爲培訓服務人員的清潔專業技能以便能快速正確地爲社區完成環境清潔服務以及培訓服務人員清潔產品的專業知識以免用錯清潔藥品造成建築物的不可逆的破壞或人員受傷，將說明培訓內容如下：

一、培訓清潔專業技能

很多人都誤以爲清潔工作是完全沒有專業的，任何人不經培訓都可以來做清潔工作，但這其實是完全錯誤的觀念！舉日本爲例：日本清潔工要經考試獲取資格，以往是國家舉辦「建築物清掃技能試」，考試合格者可取得「建築物清掃技能士」。2015 年起體制變成國家考試合格者取得 1 級技能士，而民間清掃協會等舉辦的考試合格者可獲取 2 級、3 級技能士。而被稱爲世界第一清潔匠人的日本女性，新津春子說：「我們公司正式僱傭的清掃工必須有 1 級資格。」[1]

由日本的清潔證照制度就可發現其實清潔是有專業技術的！清潔絕對不是蠻幹或出蠻力就可以解決的。由於我國目前並未建立清潔專業證照制度，因此清潔公司就必須要培訓所聘任服務人員清潔的專業技能，以便清潔人員能快速正確地爲社區完成環境清潔服務。

上圖是 BBC 報導「日本第一清掃工」的新津春子，是東京羽田機場 2013、2014 連續兩年被英國國際航空評價公司 Skytrax 評選為「世界最乾淨機場」的背後功臣[2]，她具有「日本國家建築物清潔技能士」資格。

資料來源：BBC 中文網

1 資料來源：https://www.storm.mg/lifestyle/58695?mode=whole

2 https://www.bbc.com/zhongwen/trad/world/2015/07/150724_jpwar_orphans_posterity

二、建立各種清潔的標準作業流程

台灣地區長期以來因為清潔行業從業人員的低薪，因此清潔人員的流動性也高，所以建立各種清潔的標準作業流程，讓清潔人員快速了解其清潔工作應有的內容及作業需準備的工具與材料，也是清潔公司的責任，常見的各式清潔的標準作業流程有：(1) 洗手間清潔之標準作業服務流程；(2) 一般玻璃擦拭清潔之標準作業服務流程；(3) 一般傢俱清潔之標準作業服務流程；(4) 天花板清潔之標準作業服務流程；(5) 地板清潔之標準作業服務流程；(6) 門板牆面擦拭清潔之標準作業服務流程；(7) 電梯清潔標準作業服務流程；(8) 電扶梯清潔標準作業服務流程；(9) 照明器具清潔之標準作業服務流程；(10) 靜電拖把除塵清潔之標準作業服務流程；(11) 蓄水池或水塔清潔之標準作業服務流程。

三、培訓清潔產品的專業知識

每一種建築材料有其特性，各有其適合與不適合的化學洗劑，所以去除每一種汙跡要選擇適合的化學洗劑和工具方能「對症下藥」，清潔最重要的前提是既不能損傷材料，又要清除汙跡，因此針對清潔人員培訓清潔產品的專業知識也是清潔公司的責任。舉例而言，台灣的建築物外牆或地板多喜歡使用天然石材，因此正確選擇清洗劑是完成大樓外牆或地板石材清洗至關重要的環節，以往，許多工地所使用的清洗劑都是單一的化學品，如草酸、鹽酸、硫酸、氫氟酸等。儘管這些化學品對某些汙跡有一定的清除效果，但是它們很可能引發更嚴重的石材病變[3]，例如，強酸清洗是引起日後水斑和鏽黃斑的主要原因之一，而且由於化學反應是不可逆，

[3] 資料來源：https://read01.com/zh-tw/Nymz5BG.html#.Ym9XfdpBxPY

一旦使用錯藥劑清洗會造成石材外觀無法恢復昔日的光澤，更會讓建築物外觀看起來老舊而貶值，因此清潔清潔產品的使用必須要很謹慎，清潔人員必須經過培訓清潔產品的專業知識才能上場服務。

課題 4.1.2 建築物及設備與周圍環境之清潔、消毒與除害蟲

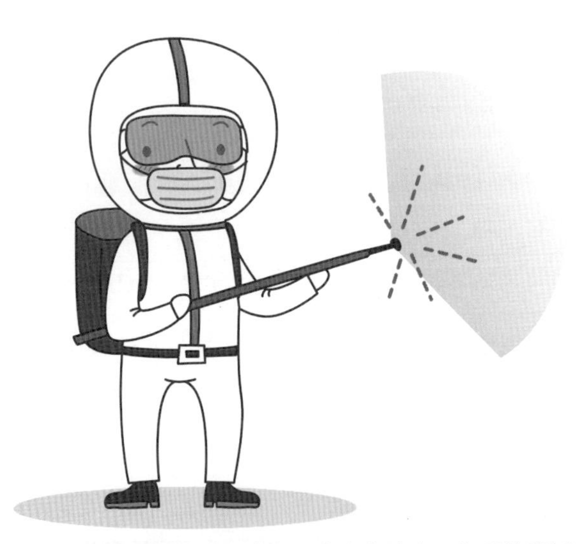

清潔公司在「建築物及設備與周圍環境之清潔、消毒與除蟲」有哪些責任呢？

小叮嚀：基本上清潔公司在「建築物及設備與周圍環境之清潔、消毒與除蟲」服務最重要的是聘任認真負責以及合適的清潔人員來執行清潔任務，以確保社區的清潔服務品質。當然重要的設備清潔如蓄水池或水塔的清潔、公共設施與空間的清潔消毒如健身房及其設施、廁所或電梯的清潔消毒應遵守政府制定的防疫指引以及提供消滅蚊子、蟑螂、白蟻、跳蚤等害蟲或滅鼠服務都是清潔公司的責任。

清潔公司針對「建築物及設備與周圍環境之清潔、消毒與除蟲」最重要的責任為聘任認眞負責以及合適的清潔人員來執行清潔任務，以確保社區的清潔服務品質，同時也必須督導清潔人員確實做好建築物及設備與周圍環境之清潔、消毒以及協助社區消滅蚊子、蟑螂、跳蚤或老鼠等害蟲以確保社區的環境衛生，茲說明如下。

一、聘任認真負責以及合適的清潔人員

清潔人力市場與保全人力市場都一樣是人力需求大過於人力供給，因此市場上極度欠缺清潔人員，所以清潔公司能夠篩選的服務人員非常有限，有時候派駐到社區服務的清潔人員年紀過度偏高，而清潔工作有時候需要爬高爬低，年紀過度偏高的清潔人員有時候容易發生跌倒意外等危險而導致勞安糾紛，因此聘任認眞負責以及合適的清潔人員來執行清潔任務是清潔公司的重要責任。

二、公共空間及設施與周圍環境之清潔、消毒遵守政府防疫指引

建築物及周圍環境之清潔、打掃及維護等都是清潔公司的責任，其服務內容包括地板清潔、環境清掃、大樓外牆清洗、煙灰清潔、清洗水塔或蓄水池、公共空間清潔、俱樂部設備清潔及消毒等服務。

自2019年新冠肺炎疫情持續影響台灣並已進入社區傳播，故政府制定「COVID-19（武漢肺炎）」因應指引：社區管理維護，所以清潔公司在公共空間及設施、重要的設備與周圍環境之清潔、消毒也需要遵守政府制定指引如下[4]：

1. 社區公共空間應隨時維持整潔，執行清潔消毒工作的人員應穿戴個人

4　資料來源：https://www.cdc.gov.tw/File/Get/O-Jxj9Uj8C4s6CSOl99RHw

防護裝備（手套、口罩、隔離衣或防水圍裙、視需要使用護目鏡或面罩），但要注意清理工作應適當爲之，避免因過度使用消毒藥劑而影響人體健康。

2. 建議針對公衆經常接觸的物體表面進行消毒，消毒可以用 1：50（當天泡製，以 1 份漂白水加 49 份的冷水）的稀釋漂白水／次氯酸鈉（1000 ppm），以拖把或抹布擦拭，留置時間建議 1-2 分鐘或依消毒產品使用建議，再以濕拖把或抹布擦拭清潔乾淨，包括：(1) 公共空間：門把、扶手、洗手間、各式觸摸式設備；(2) 擴音器和旋鈕、扶手、按鈕、空調出口。
3. 針對現場人員經常接觸之表面（如地面、桌椅、電話筒等經常接觸之任何表面，以及浴廁表面如水龍頭、廁所門把、馬桶蓋及沖水握把）應有專責人員定期清潔，一般的環境應至少每天消毒一次，消毒可以用 1：50（當天泡製，以 1 份漂白水加 49 份的冷水）的稀釋漂白水／次氯酸鈉（1000 ppm），以拖把或抹布擦拭，留置時間建議 1-2 分鐘或依消毒產品使用建議，再以濕拖把或抹布擦拭清潔乾淨。
4. 各棟大門、各棟梯廳、電梯加強清潔消毒，並於上下班出入頻繁時段，清潔人員加強使用消毒水擦拭門把及電梯按鈕。

三、撲滅害蟲與鼠害服務

居家常見及可能發生之蟲害，依其特性簡單分類如下（王凱淞，2020）：

1. 爬行性害蟲：如蟑螂、螞蟻。
2. 飛行性害蟲：如家蚊、搖蚊、果蠅、蒼蠅、隱翅蟲。
3. 木類害蟲：如家天牛、蛀木蟲。
4. 廚房、浴室、廁所常見的害蟲：如蛾蚋、蚤蠅。

5. 眼睛不易見到的害蟲：如塵蟎、恙蟎、人疥蟎。
6. 書籍、衣服的害蟲：如書蝨、衣魚、衣蛾。
7. 戶外的害蟲：如虎頭蜂、馬陸、姬緣椿象。
8. 外來入侵害蟲：如荔枝椿象、紅火蟻、秋行軍蟲。
9. 家具的害蟲：白蟻。
10. 野生動物引起的害蟲：跳蚤。

住宅害蟲雖然種類繁多，但以公寓大樓來講數量多且最常見的還是蟑螂、螞蟻、跳蚤、白蟻、家蚊以及鼠害對居家環境造成的困擾居多，所以定期進行投藥除蟲與滅鼠是清潔公司的重要工作，茲說明如下：

1. 滅蚊防治登革熱：近年全球暖化台灣也難以倖免，造成登革熱疫情已有向北部蔓延的趨勢，登革熱（Dengue fever），是一種由登革病毒所引起的急性傳染病，這種病毒會經由蚊子傳播給人類。並且分爲Ⅰ、Ⅱ、Ⅲ、Ⅳ四種血清型別，而每一型都具有能感染致病的能力，所以夏季滅蚊防治登革熱已是許多社區必須要做的例行工作。

登革熱防治宣導圖卡

資料來源：台中市政府環境保護局

2. 消滅跳蚤避免住戶被咬：每年的 10 至 11 月是跳蚤開始活躍繁殖的季節，但也因天氣越來越熱繁殖期可能會再拉長。以往跳蚤通常只會在野生貓狗、老鼠上面看到，但隨著人們開始飼養寵物、帶寵物出遊或野生貓狗曾在你的汽、機車上休息，跳蚤也開始在家中出現。所以在跳蚤的繁殖季節，清潔公司可以投藥消滅跳蚤避免住戶被咬以及跳蚤在社區繁殖。
3. 消滅蟑螂維護環境衛生：通常新大樓在剛搬進去之後的一年或兩年期間很少會見到蟑螂，但是因爲現在的社區大多在一樓有花圃綠地提供蟑螂最佳的繁殖場所，而地下一樓通常有垃圾場提供食物並吸引蟑螂入侵社區，所以大樓的住戶往往在第三年就會發現家裡出現蟑螂了。由於蟑螂身上會攜帶一些細菌所以清潔公司可以定期投藥消滅蟑螂來維護環境衛生，避免病菌透過蟑螂傳播。
4. 消滅白蟻維護傢俱安全：白蟻是破壞力極高的家居害蟲，會蛀蝕木材，加上難以被察覺，隨時在不知不覺中被蛀蝕全屋傢俱。白蟻體型與螞蟻相似，身體部分呈乳白色。牠們以有機物例如木材，爲主要食糧，包括地板、門框、木製傢俱等。白蟻的破壞力及速度都十分驚人，土白蟻甚至可以在兩星期內，將整個門框蛀光。除了會蛀蝕木材，白蟻更會分泌蟻酸，可以破壞石屎牆，甚至金屬等堅固的物料[5]。每年的 4 到 6 月就是白蟻最常見的季節，他們常從家具的夾層、木板中出現，破壞家裡的木頭傢俱，加上 4 到 6 月更是白蟻交配的季節，外面的飛蟻，更會被家

5 資料來源：https://www.spacious.hk/zh-tw/blog/%E7%99%BD%E8%9F%BB%E5%85%A5%E4%BE%B5-%E5%88%86%E8%BE%A8%E7%99%BD%E8%9F%BB%E8%B7%A1%E8%B1%A1-%E6%AD%A3%E7%A2%BA%E9%98%B2%E6%B2%BB%E7%99%BD%E8%9F%BB/

裡的光給吸引，從門縫、窗戶縫鑽進來。白蟻的危害不只會啃食木質家具、衣櫃、木地板，對房屋建築的破壞極大，特別是磚、木質如果被啃食嚴重的話，會影響房屋構造導致倒塌，甚至還會侵蝕電線管路，影響我們住宅的安全[6]。由於白蟻的危害不單是家具、木地板、磚，還會侵蝕電線管路對房屋建築的破壞極大，所以若是發現白蟻爬過痕跡的蟻道，就可以請清潔公司來投藥消滅白蟻以維護房屋建築的安全。

白蟻入侵徵兆圖[7]

（資料來源：三立新聞網）

5. 消滅老鼠避免散播漢他病毒：漢他病毒症候群（Hantavirus syndrome）是由漢他病毒（Hantavirus）所引起的疾病，屬於人畜共通傳染性疾

---

6 資料來源：https://www.yellow885.com.tw/article/termite02/

7 https://www.setn.com/News.aspx?NewsID=185079

病。主要透過帶有漢他病毒齧齒類動物（如：鼠類）傳染給人類，人類感染漢他病毒後，依臨床症狀及病程可區分為「漢他病毒出血熱」及「漢他病毒肺症候群」兩種[8]。疾管署表示，人類吸入或接觸遭鼠糞尿汙染帶有漢他病毒飛揚的塵土、物體，或被帶病毒的嚙齒類動物咬傷，就有感染風險。漢他病毒出血熱感染後潛伏期為數天至兩個月，主要症狀為突然且持續性發燒、結膜充血、虛弱、背痛、頭痛、腹痛、厭食、嘔吐等，約第 3 至 6 天出現出血症狀，隨後出現蛋白尿、低血壓或少尿，部分患者會出現休克或輕微腎病變，並可能進展成急性腎衰竭，經治療後病況可改善。台灣 2022 年發生首例漢他病毒症候群（出血熱）病例[9]；疾病管制署呼籲，「不讓鼠來、不讓鼠住、不讓鼠吃」是預防漢他病毒最有效的方法，民眾平時應留意環境中老鼠可能入侵的路徑，家中廚餘或動物飼料應妥善處理，並清除家中老鼠可能躲藏的死角；餐廳、飯店、小吃攤、市場、食品工廠等業者應留意環境衛生，驅除建築物中的鼠類，及採取相關防鼠措施，防範疫情發生[10]。由於老鼠身上會攜帶漢他病毒以及跳蚤，帶來傳染病及維護環境衛生困擾，所以清潔公司可以定期投藥消滅老鼠，以維護社區住戶健康。

---

8 資料來源：https://www.cdc.gov.tw/Disease/SubIndex/C6xqTECywd28HiYIG9VZ_w

9 資料來源：https://tw.news.yahoo.com/%E4%BB%8A%E5%B9%B4%E9%A6%96%E4%BE%8B-%E5%8C%97%E9%83%A84%E6%97%AC%E7%94%B7%E7%A2%BA%E8%A8%BA%E6%BC%A2%E4%BB%96%E7%97%85%E6%AF%92-004120233.html

10 資料來源：https://www.cdc.gov.tw/Bulletin/Detail/u_0zEbEvkpabr_qK_gVjgA?typeid=9

預防漢他病毒防鼠三不措施示意圖

（資料來源：疾病管制署）

住宅害蟲多是因環境不良而造成的蟲害問題，要有效的防治這些害蟲，首要即是改善所處的生活環境，其次是物理防治的措施，最後才是使用化學性藥劑來防除。所以其實只要平時確實要求把環境清潔做好便可大幅降低蟲害與鼠害問題。

課題 4.1.3
清潔區域的人力與清消頻率安排

完善規劃清潔消毒人力及頻率配置

水塔清洗

居家清潔

地板打蠟、石材美容

環境消毒

清潔公司在「清潔區域的人力與清消頻率安排」有哪些責任呢？

小叮嚀：基本上清潔公司在「清潔區域的人力與清消頻率安排」管理服務最重要的是完整規劃社區清潔人員負責的清掃與消毒區域，以確保社區的每一個角落都能落實清掃與消毒，維護社區整體環境衛生與整潔。當然確落實環境清潔督導、防疫期間加強重點區域如廁所、電梯、門把等之消毒頻率都是清潔公司的責任。

通常整個社區要清掃的面積範圍非常大，但以200戶的社區爲例往往僅配置2至3位的清潔人力，因此妥善安排清潔區域的人力與清掃頻率就變得很重要，所以清潔公司針對「清潔區域的人力與清消頻率安排」的責任爲完整規劃社區清潔人員負責的清掃消毒的區域與頻率，同時制定每日工作行程表，並落實清潔督導方能確保社區的每一個角落都能完整地清掃與消毒，茲說明如下：

一、制定環境清潔維護作業頻率表

環境清潔維護作業因清掃面積範圍大卻又受限於有限的清潔人力，因此必須要觀察現場使用狀況來訂出適宜的環境清潔維護作業頻率，一般常見週期性清潔維護項目有：(1) 屋頂及突出物視需要清掃，包含屋頂平台與露台落水口。(2) 金屬部分視需要以專用清潔劑擦拭。(3) 電氣室、控制室每月清掃 1 次。(4) 冷氣空調通風口視需要擦拭。(5) 大門及照明器具視需要擦拭。(6) 雜草視需要清除。(7) 排水溝視需要疏通。(8) 定期維護園藝景觀包含修剪花木、除草、施肥、病蟲害、修剪廢棄物清運等。(9) 蓄水池或水塔清洗每 6 個月 1 次。(10) 外牆清洗每年 1 次。(11) 化糞池抽取每年 1 次。(12) 環境清毒及滅鼠每 6 個月 1 次。

茲列舉環境清潔維護作業頻率範例表如下：

環境清潔維護作業頻率範例表

項次	工作區域	工作項目	工作方式	工作頻率					
				日	週	半月	月	季	半年
一	全樓	地面、花崗石	每日清掃並以靜電托把托拭、保持乾淨並將地面頭髮、異物髒汙清除打掃乾淨	V					
			門廳地面拋光及晶化保養維護，以保持材質原貌、乾淨無灰塵（1 年 1 次）						V
二	全樓	磁磚地	每天清潔劑清洗擦拭隨時除去汙跡	V					

項次	工作區域	工作項目	工作方式	工作頻率					
				日	週	半月	月	季	半年
三	全樓	樓梯及公共空間桌椅櫃	地板清潔與「項次一」一同隨時保持樓梯間及公共空間牆壁、玻璃窗之清潔，並隨時擦拭扶手，並將桌上之物品清潔	V					
四	全樓	電梯間	每日清潔擦拭電梯內外壁板，並留意電梯廂內照明設備無故障	V					
			電梯門之壁面應每日擦拭清潔，隨時保持表面光亮清潔		V				
五	戶外空間	庭園花圃、灌木等	庭園灌木排水，保持有效供水，無積水，園藝維護每2個月修剪整理1次，並於保活期限後進行植栽修剪、植栽種植	V					
六	頂樓及地下三樓	蓄水池清理	每半年委由具專業合格執照廠商清理1次						V

項次	工作區域	工作項目	工作方式	工作頻率					
				日	週	半月	月	季	半年
七	管理中心	辦公室內清潔	擦拭桌面及椅子		V				
			每月清潔電話機 1 次				V		
八	全樓	公共器材	每日清潔 1 次	V					
九	全樓	公共燈具、宣傳欄等	2 米以下部位擦抹、除塵，須達目視無灰塵，光亮清潔		V				
十	全樓	金屬品設備及其他（含屋頂之清掃）	含門、消防栓、冷氣通風口、電扇、指示牌等隨時檢查，並保持清潔屋頂保持清潔、無垃圾	V					
十一	全樓	機房、地下空間	檢視、清理，並隨時保持乾淨整潔，並不得推放任何雜物	V					
十二	全樓	戶外照明設備	檢視、清理		V				
十三	全樓	戶外道路、綠地等	道路、地面、綠地清掃，地面保持乾淨，地面垃圾滯留時間不超過 2 小時，明溝清掃，無雜物、無積水	V					

項次	工作區域	工作項目	工作方式	工作頻率					
				日	週	半月	月	季	半年
十四	全樓	垃圾清理	公共垃圾，每日清理，如有廚餘應進行分類處理，收集點周圍地面無散落垃圾、無汙跡、無異味並配合垃圾車收集時間每日及時清運完畢	V					
十五	全樓	垃圾桶	合理設置，每日清理，垃圾桶無滿溢、無異味、整體清潔，滅害措施完善	V					
十六	全樓	大樓內外環境驅蟲消毒	每半年對各梯間、住家、明溝、垃圾桶、地下停車空間噴灑藥水驅蟲消毒 1 次					V	
十七	垃圾儲藏室	垃圾桶及回收	每日清潔、垃圾分類，並保持清潔	V					

資料來源：台北市公寓大廈安全管理與環境清潔維護參考手冊

二、制定環境清潔維護每日工作行程表

針對社區日常高頻率使用的區域如公共走道、管理中心、洗手間、電梯等則是每日必須進行清掃，茲列舉環境清潔維護經常性（日常）維護項目與工作重點如下表所示：

經常性環境清潔維護項目與工作重點一覽表

清潔範圍	工作重點
公共走道	一、地板之清潔維護 二、手可觸及牆面之清潔維護 三、牆面汙物之清除
樓梯	一、地面之清潔維護 二、汙漬處以拖把拖拭 三、門及手可觸及牆面汙漬之清除 四、扶手之擦拭 五、金屬部分擦拭 六、玻璃門窗擦拭
大樓外圍、樓頂平臺及中庭	一、隨時巡視垃圾雜物之清除 二、地面視需要以水沖洗 三、排水溝雜物之清除 四、廣告等張貼物之清除 五、花台上花木澆灑 六、花台內落葉之清除
大樓門廳及服務台	一、地面之清潔維護 二、桌面擦拭 三、玻璃及金屬部分乾拭 四、壁面

清潔範圍	工作重點
垃圾集中場所	一、地面之清潔維護 二、垃圾之清除
洗手間	一、小便斗、馬桶、洗手台之沖洗 二、儀容鏡、隔間、門戶之擦拭 三、地板之清洗、拖乾、消毒 四、洗手液、衛生紙之補充
停車空間	一、地面之清潔維護，垃圾異物之撿除 二、垃圾筒及煙灰缸之清理 三、排水溝之清理
昇降機間及機廂	一、電梯間壁面、鏡面及地面清潔維護 二、金屬部分乾拭

資料來源：台北市公寓大廈安全管理與環境清潔維護參考手冊

為落實社區日常高頻率使用的區域的環境清潔維護，清潔公司應制訂環境清潔維護每日工作行程表以供管委會查核督導，茲列舉範例環境清潔維護每日工作行程範例表如下：

環境清潔維護每日工作行程範例表 1

每日工作行程表（上午）

年　月　日　　　　檢核人員：

區域	預計時間	工作項目	內容	一	二	三	四	五	六	備註
社	08:00	大門兩片玻璃及把手	擦拭／每日							
	↓	大門口菸蒂桶	煙蒂清理／每日							
		大門周邊地面清潔維護	清潔／每日							
區		大廳地面	灰塵清潔／每日							
		大廳廁所	玻璃鏡面／浴廁及地面							
		兩側櫃枱	擦拭／每日							
公		大廳玻璃	擦拭／每週二次							
		健身房入口玻璃	擦拭／每日							
		A 棟入口處信箱區玻璃及門把	擦拭／每日							
設		B 棟入口處信箱區玻璃及門把	擦拭／每日							
		健身房內玻璃	擦拭／每週二次							
	↓	健身房地面	清潔／每日							
區	09:50	健身房內地毯	吸塵／每週三次							
社	10:10	交誼廳地毯	吸塵／每週三次							
	↓	電梯間公共區域清掃	清潔／每日							
區		電梯間牆面清潔	擦拭／每日							
		消防栓把手及周邊清潔	除塵擦拭／每週二次							
公		防火門	除塵擦拭／每週二次							
		電視牆	除塵擦拭／每週二次							
設		會議室（含桌面）	擦拭及灰塵清潔／每日							
		會議室大門	除塵擦拭／每週二次							
區		廁所	玻璃鏡面／浴廁及地面							
	↓	地下一樓水槽清潔	擦拭／每日							
	12:00	地下一樓到地下三樓所有洗水槽	擦拭／每日							

資料來源：臺北市公寓大廈安全管理與環境清潔維護參考手冊

環境清潔維護每日工作行程範例表 2

每日工作行程表（下午）

年　月　日　　　　檢核人員：

區域	預計時間	工作項目		內容	一	二	三	四	五	六	備註
	13:00	A 棟	1. 地面	清潔／隔日							
各			2. 各樓層電梯面板	清潔／每日							
			3. 梯廳內面玻璃	擦拭／隔日							
			4. 電梯內玻璃	擦拭／每日							
			5. 牆面	清潔／隔日							
樓			6. 窗戶玻璃及窗框	擦拭／隔日							
			7. 安全梯扶手及地面	清潔／隔日							
			8. 信箱後方景觀區	樹葉撿拾及排水溝清理／隔日							
	14:50		9. 中庭後花園水池	保持水面清潔／每週二次							
層	13:10	B 棟	1. 地面	清潔／隔日							
			2. 各樓層電梯面板	清潔／每日							
			3. 梯廳內面玻璃	擦拭／隔日							
			4. 電梯內玻璃	擦拭／每日							
梯			5. 牆面	清潔／隔日							
			6. 窗戶玻璃及窗框	擦拭／隔日							
			7. 安全梯扶手及地面	清潔／隔日							
			8. 信箱後方景觀區	樹葉撿拾及排水溝清理／隔日							
廳	16:20		車道出口健身房外玻璃	擦拭／每週二次							
	16:30	1 樓大廳地面灰塵		擦拭及灰塵清潔							
總		大廳廁所		玻璃鏡面／浴廁及地面							
		大廳垃圾整理		換垃圾袋							
檢		大門周邊地面		菸蒂及垃圾撿拾							
		地下停車場地面垃圾		菸蒂及垃圾撿拾							
查		大門菸蒂桶		清潔							
		住戶廚藏室地面		擦拭及灰塵清潔							
	17:00	住戶廚藏室門框及把手		擦拭及除塵／每週二次							

資料來源：台北市公寓大廈安全管理與環境清潔維護參考手冊

三、制定防疫期間重點消毒區域與消毒頻率表

防疫期間社區消毒重點區域包括：社區各棟大門、各棟梯廳、電梯、樓梯、健身房、閱覽室及多功能活動空間等公共區域之門把、扶手、洗手間、擴音器旋鈕、各式觸摸式設備及空調出口[11]。所以應於上下班出入頻繁時段於各棟大門、各棟梯廳、電梯、廁所應加強清潔消毒，並要求清潔人員加強使用消毒水擦拭門把及電梯按鈕。茲列舉重點消毒區域與消毒頻率範例表如下。

重點消毒區域與消毒頻率範例表

項次	工作區域	消毒項目	消毒方式	消毒頻率
				次數／日
一	全樓	地面、大門、門把、扶手、電梯按鈕	以用 1：50（當天泡製，以 1 份漂白水加 49 份的冷水）的稀釋漂白水／次氯酸鈉（1000ppm），以拖把或抹布進行擦拭，留置時間建議 1-2 分鐘，再以濕拖把或抹布擦拭清潔乾淨	3
二	全樓	梯廳	以用 1：50（當天泡製，以 1 份漂白水加 49 份的冷水）的稀釋漂白水／次氯酸鈉（1000ppm），以拖把或抹布進行擦拭，留置時間建議 1-2 分鐘，再以濕拖把或抹布擦拭清潔乾淨	1

[11] 資料來源：COVID-19（武漢肺炎）社區防疫公共環境消毒指引 https://www.cdc.gov.tw/File/Get/ZPrmtzqyTJsL2YRMfbqKpA

項次	工作區域	消毒項目	消毒方式	消毒頻率
				次數／日
三	全樓	電梯	以用 1：50（當天泡製，以 1 份漂白水加 49 份的冷水）的稀釋漂白水／次氯酸鈉（1000ppm），以拖把或抹布進行擦拭，留置時間建議 1-2 分鐘，再以濕拖把或抹布擦拭清潔乾淨	3
四	全樓	樓梯	以用 1：50（當天泡製，以 1 份漂白水加 49 份的冷水）的稀釋漂白水／次氯酸鈉（1000ppm），以拖把或抹布進行擦拭，留置時間建議 1-2 分鐘，再以濕拖把或抹布擦拭清潔乾淨	1
五	公共活動空間	健身房	以用 1：50（當天泡製，以 1 份漂白水加 49 份的冷水）的稀釋漂白水／次氯酸鈉（1000ppm），以拖把或抹布進行擦拭，留置時間建議 1-2 分鐘，再以濕拖把或抹布擦拭清潔乾淨	1
六	公共活動空間	閱覽室	以用 1：50（當天泡製，以 1 份漂白水加 49 份的冷水）的稀釋漂白水／次氯酸鈉（1000ppm），以拖把或抹布進行擦拭，留置時間建議 1-2 分鐘，再以濕拖把或抹布擦拭清潔乾淨	1

項次	工作區域	消毒項目	消毒方式	消毒頻率
				次數／日
七	管理中心	辦公室	以用 1：50（當天泡製，以 1 份漂白水加 49 份的冷水）的稀釋漂白水／次氯酸鈉（1000ppm），以拖把或抹布進行擦拭，留置時間建議 1-2 分鐘，再以濕拖把或抹布擦拭清潔乾淨	3
八	全樓	洗手間	加強便器清洗並用 1：50（當天泡製，以 1 份漂白水加 49 份的冷水）的稀釋漂白水／次氯酸鈉（1000ppm），以拖把或抹布進行擦拭地板及洗手台，留置時間建議 1-2 分鐘，再以濕拖把或抹布擦拭清潔乾淨	3
九	全樓	户外座椅或設施	以用 1：50（當天泡製，以 1 份漂白水加 49 份的冷水）的稀釋漂白水／次氯酸鈉（1000ppm），以拖把或抹布進行擦拭，留置時間建議 1-2 分鐘，再以濕拖把或抹布擦拭清潔乾淨	3

課題 4.2

石材養護及地板打臘維護

清潔公司的石材養護及地板打臘維護有哪些責任呢？

小叮嚀：基本上清潔公司的石材養護及地板打臘維護責任，最重要的是「負責培訓服務人員的石材治理與維護的專業技能與知識」，以確保服務品質。當然提醒管委會每年可保養一次石材、落實塑膠地板除汙並定期將地板打臘維護，也是清潔公司的重要責任。

清潔公司的石材養護及地板打臘維護的責任，主要可分爲針對「石材風化、病變、磨損的專業護理與定期養護」以及「塑膠地板定期除汙與打臘維護」等兩個面向的維護管理責任，針對「石材風化、病變、磨損的專業護理與定期養護」，清潔公司應負起培訓服務人員的石材治理與維護的專業技能與知識，並提醒管委會每年可保養一次石材；針對「塑膠地板定期除汙與打臘維護」，清潔公司應負起落實塑膠地板除汙，並定期將地板打臘維護，讓建築物的外觀保有亮麗光澤的地板，茲說明如後。

一、石材風化、病變、磨損的專業護理與定期養護

石材在建築上的應用可分類爲：(1) 天然石材、(2) 人造石材兩類。而「天然石材」又可細分爲三類：(1) 火成岩類：常見的有花崗岩、玄武岩、安山岩；(2) 沉積岩類：常見的有石灰岩、砂岩、凝灰岩；(3) 變質岩類：最具代表的爲大理石類。「天然石材」就目前商業建築使用上可分爲：花崗石、大理石、砂岩及板岩。其中花崗石（Granite）具備較堅硬的特性，在種類衆多的石材中，長久以來爲最優異且最主要的建築石材。大理石硬度較花崗石低但大理石富於紋路的變化，也具有柔和的光澤，自古以來一直受到人們喜愛[12]。

「人造石材」又可細分爲三類：(1) 人造石：常見的有在廚房台面應用廣泛的人造石台面市占率極高，如杜邦石等，也有標榜奈米滅菌人造石防潮防黴滅菌能力及除臭功能；(2) 拋光石：常見的有拋光石英磚地板，爲目前建築市場上地板的主流產品；(3) 磨石子：傳統的磨石子地板及磨石子地磚是三十到五十年屋齡的房子常見的地板建材，由石材顆粒和水泥混合磨製而成，堅固耐用。

由以上可知石材種類繁多且其性質差異甚大，因此石材養護工作是具有高度專業的，必須經過專業培訓對於石材的屬性以及所各種石材所適用的養護材料與養護工法必須要有專業的知識，清潔公司應負責培訓服務人員的石材治理與維護的專業技能與知識，方能提供社區專業的服務。

石材因爲暴露在自然的環境以及人爲踩踏磨損或髒汙或石材本身等原因所造成的滲水、汙染、風化、病變後，會造成光澤磨損等問題，一般常見情況有：(1) 石材外牆滲水及汙染；(2) 水斑；(3) 白華；(4) 鏽斑；(5)

---

[12] 資料來源：http://www.chyuan-kuen.com.tw/16316.html

汙斑。有前列的情形發生的時候便需要對石材進行專業的護理，經過化學方法處理後，就可再現石材本來的亮麗光澤的外貌。

由前面說明可知石材經使用後會有定程度的損耗，所以定期養護是必須要做的事，而定期養護週期是多久呢？石材養護週期要看客流量，家庭地面的石材，1-2 年保養一次；公司、酒店半年到一年保養一次；商場、學校、銀行、醫院最好半年做一次石材保養。

清潔公司應負責提醒管委會每年可保養一次石材，畢竟現在的石材養護技術已經很進步了，而且價格也因爲有很多家服務廠商而不像早期那麼貴了，所以住戶可以要求管委會應定期保養石材，讓建築物的豪宅外觀維護應有的樣子，讓您的資產保值又增值。

二、塑膠地板定期除汙與打臘維護

塑膠地板技術推陳出新，現在塑膠地板除了樣式多元化外，甚至塑膠地板有以假亂眞，讓人分不出是塑膠地板還是實木地板。早期的塑膠地板被認爲是沒質感的廉價品，多半使用於辦公及商業空間。現在因爲技術發達，許多進口塑膠地磚（塑膠地板）的紋路可以擬眞木紋及大理石紋的程度已經相當不錯，看起來的質感好很多，具耐磨、易清理、保養容易、施工後無接縫、施工容易且快速、更換容易、價格便宜，用於住家的情形也越來越多。

塑膠地板若是鋪設在公共區經長期使用後，仍然會面臨汙染滲入、磨損、刮花、風化崩損等情形，因此清潔公司針對塑膠地板的維護應進行定期除汙與打臘維護，以增加地板止滑係數，降低滑倒可能。同時提升地面亮度、材質增艷、美觀大方。達到地板表面建置防護層，隔絕汙染接觸（砂礫、細塵、藥劑、咖啡、水），避免滲入及風化，延長建材生命週期。

課題 4.3
大樓外牆清洗

外牆清洗需確認機具、人員證照以確保服務品質與作業安全

清潔公司的大樓外牆清洗有哪些責任呢？

小叮嚀：基本上清潔公司的大樓外牆清洗責任最重要的是「確認機具、人員證照」，以確保服務品質與作業安全。當然外牆清洗的洗劑選用也是清潔公司的重要責任，應兼顧清潔效果並避免傷及建材或波及住戶。

大樓外牆清洗因爲是高空作業，所以是高危險性作業，最常使用的施工方式是利用吊籠（俗稱洗窗機）進行清洗作業，台北市歷年來皆有因吊籠使用不當而發生職業災害的案例；針對「大樓外牆清洗」清潔公司的責任，茲說明如後[13]。

一、外牆清洗前應先確認機具、人員證照

吊籠屬危險性機械，使用吊籠載人作業時，依規定機具必須取得合格證且合格證未逾有效日期，方可使用。而操作吊籠人員須經教育訓練合格後，方可擔任操作手。所以外牆清洗前清潔公司應先確認機具、人員都有合格證照方能施工。

二、使用吊籠固定設施及作業環境需先確認安全無虞

爲確保固定設施之強度安全，法令規定固定設施應經代行檢機構檢查合格方可使用；另如吊籠使用可搬式固定設施，則架設前須確認架設的固定點及其相關環境的強度無虞後，方可進行架設作業。

三、作業前確實檢查吊籠本體

經檢查合格之吊籠，仍有可能因平時使用不當或磨損而有機械構件強度減損。作業前，應檢視捲揚鋼索是否有扭結、變形、斷股、斷絲或鏽蝕等損傷情況，若有則嚴禁使用，以免發生墜落。另捲揚馬達及過捲裝置也應測試作動是否良好、煞車是否可確實制動，以避免傾斜或翻覆。

四、要求員工需正確使用安全帶及安全帽

安全帶爲避免吊籠損壞斷裂之救命裝置，應鉤掛於防墜母索（俗稱安全繩）上，不應鉤掛於吊籠本體上，且防墜母索也必須檢查確認無損傷。

---

13 資料來源：https://lio.gov.taipei/News_Content.aspx?n=89BD434B04CA74DD&sms=78D644F2755ACCAA&s=E5DD2DF6E4B607B7&ccms_cs=1

另爲避免物體飛落及頭部碰撞，作業人員應確實戴好安全帽。

五、預防鋼索及防墜母索損傷造成斷裂

架設吊籠時鋼索大多會與建築結構物轉角處發生摩擦，因此鋼索在轉角處設置防護措施即爲保護鋼索最直接有效的方法。另防墜母索亦常見轉角摩擦損傷情況，同樣必須在每一轉折處或與銳利物接觸位置設置適當防護。避免鋼索及防墜母索損傷造成施工期間斷裂引起工安意外。

經檢驗合格之吊籠固定設施圖

（資料來源：台北市勞動檢查處官網）

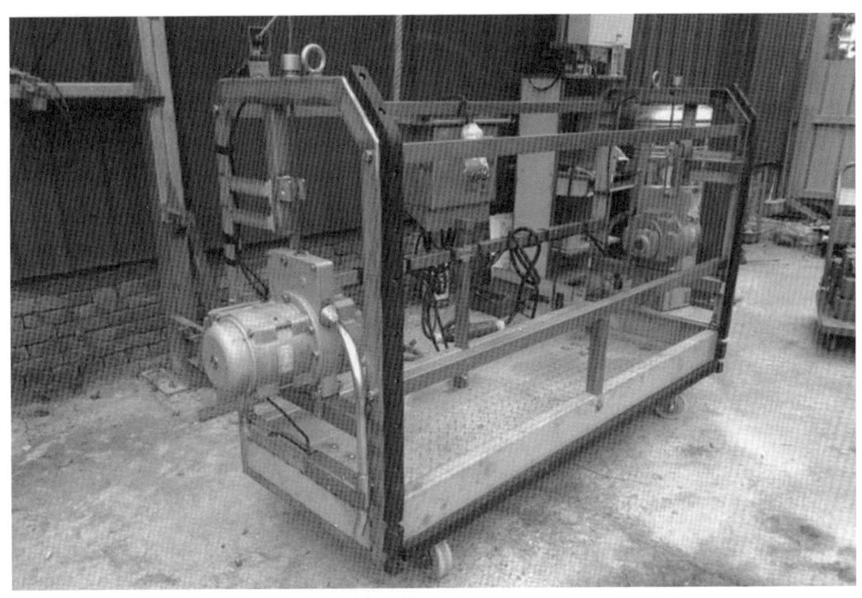

可搬吊籠及鋼索捲揚機外觀圖

（資料來源：台北市勞動檢查處官網）

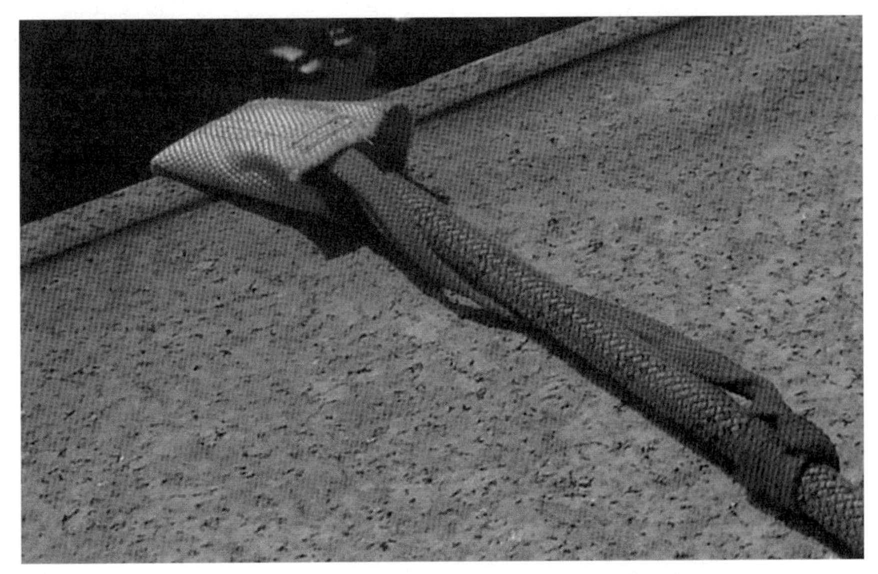

繩索於轉折或銳利勿接觸位置設置適當防護示意圖

（資料來源：台北市勞動檢查處官網）

安全帶應正確鉤掛於防墜母索示意圖
（資料來源：台北市勞動檢查處官網）

外牆清洗的洗劑選用也是清潔公司的重要責任，通常清潔公司會使用強酸配方的外牆清洗劑來清除外牆之頑強髒汙、水垢、鏽斑、碳化物，但實務上有些強酸配方的外牆清洗劑有可能造成建材受損，同時在清洗外牆過程中，強酸滴到放置陽台上的洗衣機及鋼鐵製品，會造成表面腐蝕而損及住戶權益，也是清潔公司施工時要特別留意的。

單元 5

機電公司的專業服務工作內容

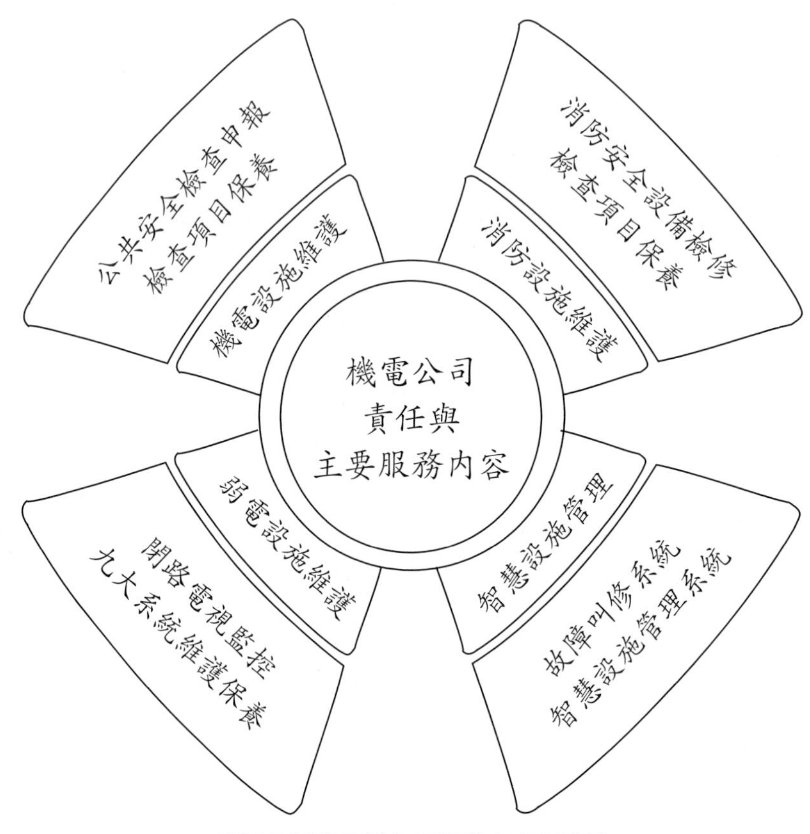

機電公司責任與主要服務內容架構圖

機電公司的專業服務內容有哪些呢？機電公司需執行之重要業務大致上可以分成如下幾類：「機電設施維護保養與修繕」、「消防設施維護保養與修繕」、「弱電設施維護保養」以及「智慧化設施管理系統服務」等，將分別說明如後數小節。

課題 5.1

機電公司的設施維護管理責任

機電公司的責任是確保機電消防與弱電設施正常安全運作

機電公司的設施維護管理有哪些責任呢？

小叮嚀：基本上機電公司的設施維護管理責任最重要的是「確保機電消防與弱電設施都能正常且安全運作」以確保服務品質。當然「確保維護保養施工安全」也是機電公司的重要責任以避免施工人員發生觸電意外傷亡。

機電公司安全維護管理的責任主要可分爲針對「確保機電設施正常安全運作」、「確保消防設施正常安全運作」、「確保弱電設施正常安全運作」以及「確保維護保養施工安全」等四個面向的維護管理責任，針對「確保機電設施正常安全運作」，機電公司應負起落實聘用具有機電相關專業技術士證照人員進行機電設施維護、預防電梯發生爆衝、失速墜落或關人、預防機械停車位故障汽車墜落地下室、預防管線堵塞或馬達故障造成汙水溢流以及預防突發性設施故障造成停水、溢水或停電；針對「確保消防設施正常安全運作」，機電公司應負起提供落實聘用具有消防相關專業證照人員進行消防設施維護、維護消防設備系統正常運作，且預防人爲關機以及偵煙設備未被防塵套遮蔽，與協助牆壁及樓板貫穿處周週圍開孔處防火填塞；針對「確保弱電設施正常安全運作」，機電公司應負起聘用具有弱電相關專業證照人員進行弱電設施維護、做好弱電設備的防潮、防塵與防腐防護以及做好弱電設備的防雷、防干擾防護；針對「確保維護保養施工安全」，機電公司應負起預防施工中漏電，並落實施工中斷電以及戴上絕緣手套，以預防施工人員意外觸電身亡，並落實密閉空間施工前送風，以預防施工人員沼氣中毒身亡或沼氣引起爆炸，茲說明如下。

課題 5.1.1
確保機電設施正常安全運作

應確保電梯安全運作，避免電梯失速墜落或關人，造成住戶恐慌

機電公司在「確保機電設施正常安全運作」有哪些責任呢？

小叮嚀：基本上機電公司在「確保機電設施正常安全運作」管理服務最重要的是，落實聘用具有機電相關專業技術士證照人員進行機電設施維護，以便能安全正確地為社區完成機電設施維護服務。當然預防電梯發生爆衝、失速墜落或關人、預防機械停車位故障汽車墜落地下室、預防管線堵塞或馬達故障造成汙水溢流以及預防突發性設施故障造成停水、溢水或停電都是機電公司的責任。

機電公司針對「確保機電設施正常安全運作」的責任爲：(1) 聘用具有機電相關專業技術士證照人員進行機電設施維護，以便能安全正確地爲社區完成機電設施維護服務；(2) 預防電梯發生爆衝、失速墜落或關人的意外以避免人員受傷；(3) 預防機械停車位故障汽車墜落地下室，以避免汽車及人員損傷；(4) 預防管線堵塞或馬達故障造成汙水溢流，以避免環境衛生受汙染；(5) 預防突發性設施故障造成停水、溢水或停電以避免造成住戶生活不方便，茲說明內容如下：

一、聘用具有機電相關專業技術士證照人員進行機電設施維護

機電設施維護是非常專業的工作，而且有些作業項目是有危險性，所以現場作業人員應經專業培訓並取得機電相關技術士證照，方能擔任機電設施維護工作，從事機電設施維護相關技術士證照整理如下表所示。

機電設施維護相關技術士證照一覽表

級別	技術士證照名稱
甲級、乙級、丙級	升降機裝修技術士
乙級、丙級	用電設備檢驗技術士
甲級、乙級、丙級	室內配線技術士
甲級、乙級、丙級	工業配線技術士
乙級、丙級	自來水管配管技術士
甲級、乙級、丙級	工業用管配管技術士
甲級、乙級、丙級	冷凍空調裝修技術士
甲級、乙級、丙級	氣體燃料導管配管技術士
乙級、丙級	特定瓦斯器具裝修技術士

上表中與社區整體安全有最直接關聯的技術士證照有：「升降機裝修技術士」、「用電設備檢驗技術士」以及「室內配線技術士」，分別說明

如下。

1. 升降機裝修技術士：技能檢定規範分為甲、乙、丙三級，各級之檢定目標，分別定位如下：甲級工作範圍：升降機裝修工作之規劃與監督；乙級工作範圍：從事升降機裝修工作之推動與執行；丙級工作範圍：升降機安裝及簡易修護之實務工作[1]。所以在社區從事電梯維護保養或修繕的工作人員應至少具有丙級「升降機裝修技術士」證照。
2. 用電設備檢驗技術士：依工作項目及技能範圍區分為乙、丙兩級，各級均明確規定其從業人員應具備之知識與技能。乙級技術士應具有高壓電工儀表使用，高壓用電設備檢驗及高壓電表裝接等技能及相關知識，乙級技術士工作範圍：從事高、低壓用戶用電設備檢驗工作[2]；丙級技術士應具備低壓電工儀表使用、低壓用電設備檢驗、低壓電表裝接、工作安全等技能及相關知識，丙級技術士工作範圍：從事低壓用戶用電設備檢驗工作[3]。所以在社區從事用電設備維護保養或修繕的工作人員應至少具有丙級「用電設備檢驗技術士」證照。
3. 室內配線技術士：依工作項目及技能範圍區分為甲、乙、丙三級，各級均明確規定其從業人員應具備之知識與技能。甲級技術士工作範圍：從事特高、高低壓用電設備及線路之裝置與維修工作[4]；乙級技術士工作範圍：可從事高低壓用電設備及線路之裝置與維修工作[5]；丙級技術士工作範圍：從事低壓用電設備及線路之裝置與維修工作[6]。所以在社區

---

1 資料來源：http://www.1111edu.com.tw/edu_mobile/licence/detail.php?autono=789
2 資料來源：http://www.1111edu.com.tw/edu_mobile/licence/detail.php?autono=810
3 資料來源：https://www.1111edu.com.tw/licence_content.php?autono=776
4 資料來源：http://www.1111edu.com.tw/edu_mobile/licence/detail.php?autono=772
5 資料來源：http://www.1111edu.com.tw/edu_mobile/licence/detail.php?autono=773
6 資料來源：http://www.1111edu.com.tw/edu_mobile/licence/detail.php?autono=774

從事室內配線維護保養或修繕的工作人員應至少具有丙級「室內配線技術士」證照。

二、預防電梯發生爆衝、失速墜落或關人的意外

電梯發生爆衝或失速墜落都會造成人命嚴重傷亡以及電梯故障關人造成恐慌，實務上都曾經發生過眞實案例如下：

案例 (1)：2013 年高雄左營一棟大樓因為電梯爆衝，造成一對母子雙雙死亡，3 歲的張小弟被爆衝電梯夾死在 7、8 樓間，媽媽為了救張小弟不愼跌落電梯井摔死，當時檢方以業務過失致罪，起訴大裕電機公司維修員李學泰，但一審法官判定維修員無罪，理由是引起故障的電梯 PLC 控制器內的繼電器疲乏，但維修過程中無法發現，加上 PLC 在台灣並無規定使用年限，所以判決維修員無罪[7]；但後來二審法官調查，繼電器雖無使用年限，但也非不能檢修，並據專業證人陳述，仍可用電流檢測內部，李學泰未落實檢修，也未建議管委會更換繼電器，以避免老化而發生危險，認定有過失，高雄高分院審結後大逆轉，認為負責維修電梯的大裕機電公司技術人員李學泰檢修不落實，依業務過失致死罪，改判徒刑 5 月，得易科罰金，可上訴[8]。本案例因電梯發生爆衝造成2條人命死亡，而負責維修電梯的大裕機電公司技術人員李學泰因電梯檢修不落實，被法官依業務過失致死罪判刑 5 個月，所以機電公司應記取本案例之經驗教訓，徹底落實電梯檢修與維護保養以預防電梯發生爆衝，避免人命傷亡。

---

7 資料來源：https://news.cts.com.tw/cts/general/201504/201504241606035.html

8 資料來源：https://news.ltn.com.tw/news/society/paper/961416

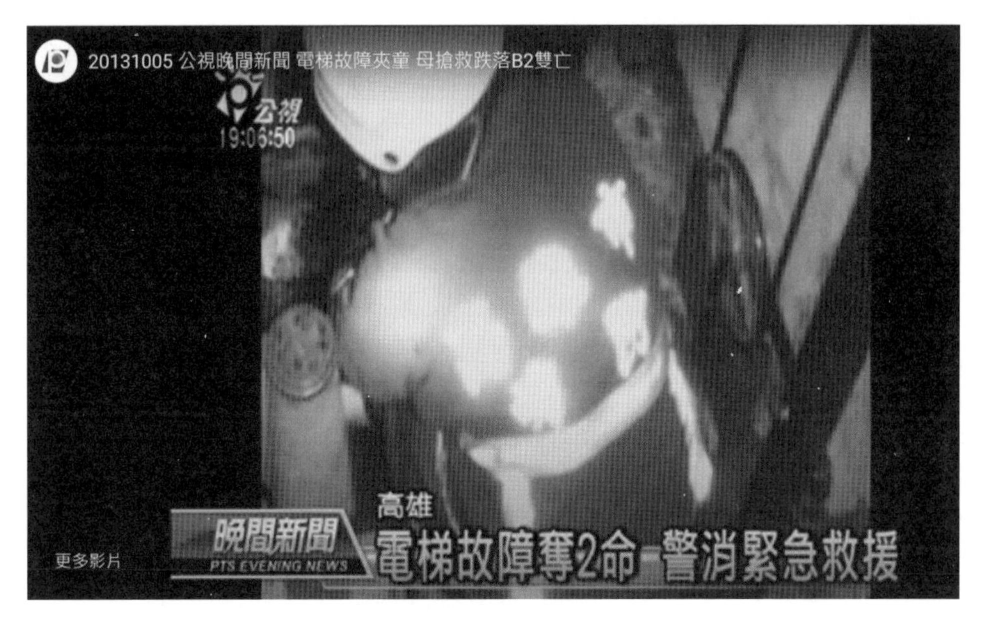

消防人員進入故障電梯救援照片

（資料來源：公視新聞網[9]）

案例 (2)：2019 年 5 月 10 日台中市西屯區市政北七路一棟 39 樓的商辦大樓電梯失速，23 歲電梯公司郭姓員工檢修電梯時，疑因電梯故障，從高樓層宛如大怒神以「自由落體」的重力加速度墜至地下 7 樓樓底，造成郭男肢體扭曲變形殞命。案發時電梯猛烈碰撞地面，發出巨大聲響，當時在大樓的工人均清晰聽聞；消防局獲報後派員趕抵，雖可從電梯縫中看到傷者，但電梯門經強烈撞擊變形，無法開啟，於是改以攀降方式自通風孔處進入電梯。郭男被救出時身體多處骨折、扭曲變形，已無生命跡象，送醫不治[10]。本案例因電梯發生失速造成 1 條人命死亡，而發生事故的大樓是高達 39 樓的商辦大樓，負責維修電梯的郭姓技術人員因電梯故障，

9　資料來源：https://news.pts.org.tw/article/251881

10　資料來源：https://news.ltn.com.tw/news/society/paper/1287758

電梯從高樓層以自由落體方式高速墜落到地下 7 樓，所以機電公司應記取本案例之經驗教訓，設置「超失速安全保護系統」以預防電梯發生自由落體高速墜落造成人命傷亡。

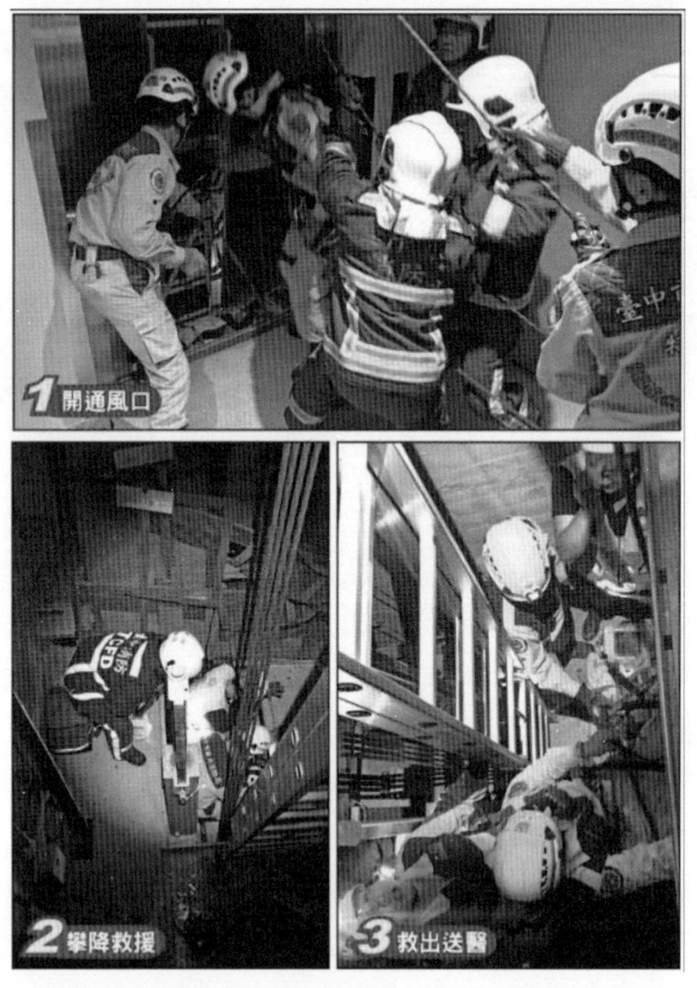

消防人員以攀降方式打開電梯通風孔處進入電梯救人照片
（資料來源：自由時報[11]）

11 資料來源：https://news.ltn.com.tw/news/society/paper/1287758

案例(3)：2022年2月28日新光三越在高雄市的outlet商場「SKMPARK」，發生商場電梯故障，電梯停在2樓至3樓間，造成5男6女，共11人受困。消防局獲報派人到場，由於無法輕易接觸到電梯內的受困者，救災人員確認無立即危險後，安撫受困者情緒，並請商場立即通知電梯維修人員到場，電梯約在1小時後排除故障，降到2樓讓11人順利脫困[12]。本案例因電梯故障造成11人受困電梯1小時，引發受困者恐慌，所以機電公司應記取本案例之經驗教訓，落實電梯維護保養以預防電梯發生關人造成住戶驚恐。

（資料來源：華視新聞[13]）

由以上電梯發故障眞實案例可知預防電梯發生爆衝、失速墜落或關人的意外，避免造成人命傷亡與住戶恐慌是機電公司應盡的重要責任。而拜

[12] 資料來源：https://news.cts.com.tw/cts/local/202203/202203012073115.html

[13] 資料來源：https://news.cts.com.tw/cts/local/202203/202203012073115.html

現代科技進步，電梯也在進化，目前有電梯公司針對轎廂[14]電梯可能發生的擠壓、撞擊、剪切、墜落、電擊等潛在危險，設計出了下列六大保護系統說明如下[15]，機電公司可建議管委會更新系統或導入保護系統。

1. 超失速安全保護系統：電梯有三條鋼纜，固定在滑輪上，由電機帶動的滑輪會帶動鋼索運動，控制轎廂上下移動。超失速安全保護系統藉由限速器與安全鉗聯動保護裝置、上行超速保護裝置構成。當電梯發生超速、失速、墜落等事故時，若電氣觸點動作不能使電梯停止，則速度達到一定值（如額定速度的 115%）後，限速器機械動作，並觸發安全鉗夾住導軌，將轎廂制停，電梯就不會自由落體砸向地底。下圖就是一個限速器的典型結構，當轉動速度過快時，離心力會使飛臂向外運動，拉住缸體周圍的棘齒，讓滑輪停止運動。這時，調節繩的自我鎖定狀態會激活控制杆連接裝置，觸發安全鉗，令轎廂停止。所以加裝電梯限速器的設置，就可以在電梯超速失速時停止，預防電梯發生暴衝或自由落體的危機。
2. 終端越位安全保護系統：如果上圖的限速器與安全鉗也失效了怎麼辦？電梯會一掉到底。不過不用慌，還有補救措施，這就是避免電梯衝頂或墩底的終端越位安全保護系統。它設在井道內上下端站附近，由減速開關、強迫換速開關、限位開關、極限開關和緩衝裝置組成。如下圖中在井道上下端站附近的緩衝器會吸收下落電梯的動能。當電梯衝向井底時，轎廂就會碰到限位開關，制停指令使電梯不能繼續運行。如果運行仍未停止，極限開關則會啟動，切斷主電路，停止驅動主機運轉（如果它還在轉的話）。而緩衝裝置就是安置在井道兩端的液壓或彈簧緩衝器，可以吸收故障電梯的動能，減輕人員傷害。

---

14 轎廂是電梯用以承載和運送人員和物資的箱形空間。

15 資料來源：https://read01.com/zh-tw/RaBe2.html#.YnmHD-hBxPY

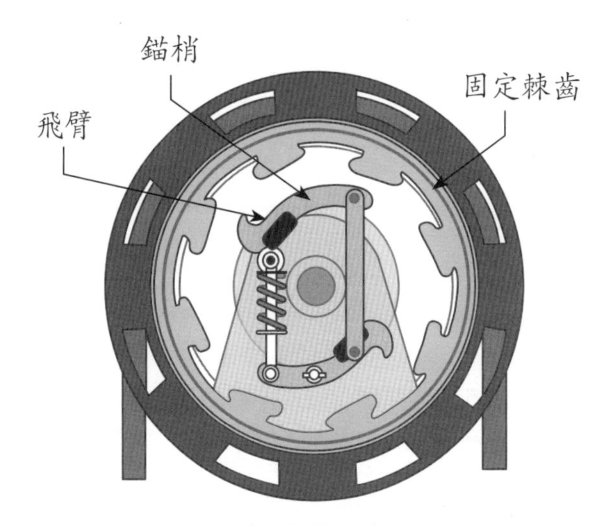

限速器結構示意圖

資料來源：https://read01.com/RaBe2.html

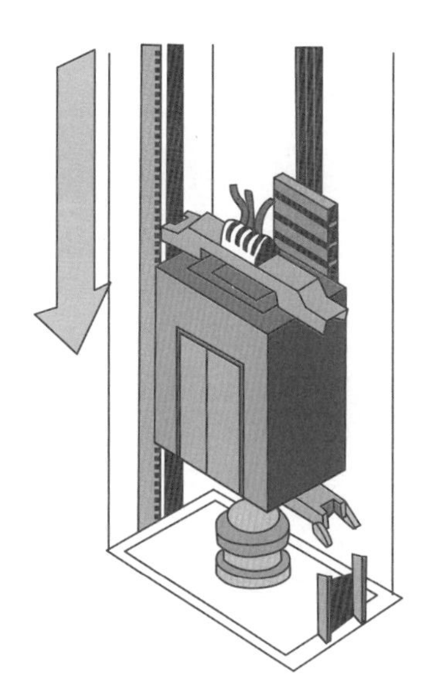

❶ 提升轎廂的鋼索另一頭和掛著配重，它掛在滑輪的另一側。

❷ 電梯井底部的內置減震器通常都是充油汽缸中的活塞，在鋼索萬一崩斷時，它有助於起到緩衝作用。

終端越位安全保護系統示意圖

資料來源：https://read01.com/RaBe2.html

3. 緊急停止安全保護系統：除了上面兩項緊急自動停止設計措施外，電梯還擁有可人爲主動停止的設計功能。當發生緊急情況時，必須立即就近控制電梯，緊急停止安全保護系統就發揮作用了。這種急停開關就是我們常見的那個紅色停止按鈕，當按下按鈕時，電梯就會立刻停止運行，以供檢修。在火災發生時，電梯的消防按鈕還擁有「立刻返回基站」的功能，幫助消防人員快速疏散困在電梯中的乘客。

火災電梯召回開關示意圖[16]

[16] 資料來源：工程圖輯隊——新北工務局臉書 https://www.facebook.com/photo?fbid=3488478477912867&set=pcb.3488478631246185

4. 非正常停止安全保護系統：當停電、故障等原因可造成電梯突然停駛，將乘客被困在轎廂內時，非正常停止安全保護系統就可發揮作用解決受困電梯問題了。具有停電平層功能的電梯可以通過使用緊急電源（或發電機不斷電系統電源），讓電梯車廂停止在最近的樓層，以解救被困人員。此外，電梯還設有由緊急電源供電的緊急照明和緊急報警裝置，被困人員可以使用電梯裡的通訊裝置求救。救援人員會手動將電梯就近平層，再用三角鑰匙打開電梯門，將被困人員從轎廂中救出。

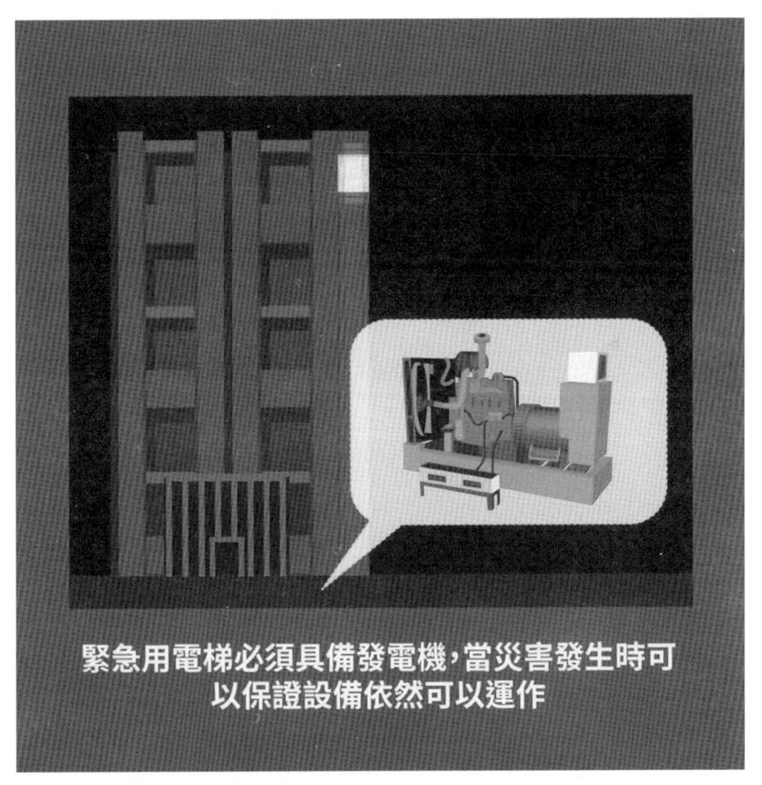

電梯具備發電機不斷電系統示意圖[17]

---

[17] 資料來源：工程圖輯隊—新北工務局臉書 https://www.facebook.com/photo?fbid=3488478477912867&set=pcb.3488478631246185

5. 層轎門安全保護系統：電梯層轎門安全保護系統主要由門防夾安全保護、門鎖、自動關閉層門裝置、門聯鎖安全保護等組成。門防夾安全保護：通常是接觸式或光電式，若檢測到關門區域有障礙物，門就會重新打開，避免擠壓事故發生。門聯鎖安全保護：只有當層門和轎廂門關閉後，電梯才能啟動運行。而當所有層的門都關閉時，電梯才可以升降，避免開層門檢修時電梯運行造成事故或人員不慎掉入井道。
6. 電梯防暴衝保護系統：電梯防暴衝裝置，又稱為「非預期移動保護裝置」（Unintended Car Movement Protection, UCMP），就是針對電梯無預警往上暴衝所設置的獨立煞車系統，為防止電梯開門狀態下移動的保護裝置控制系統。當控制系統或電磁接觸器發生故障導致剎車無法斷電，UCMP 會立即作用將剎車電源斷電，以防開門跑車[18]。

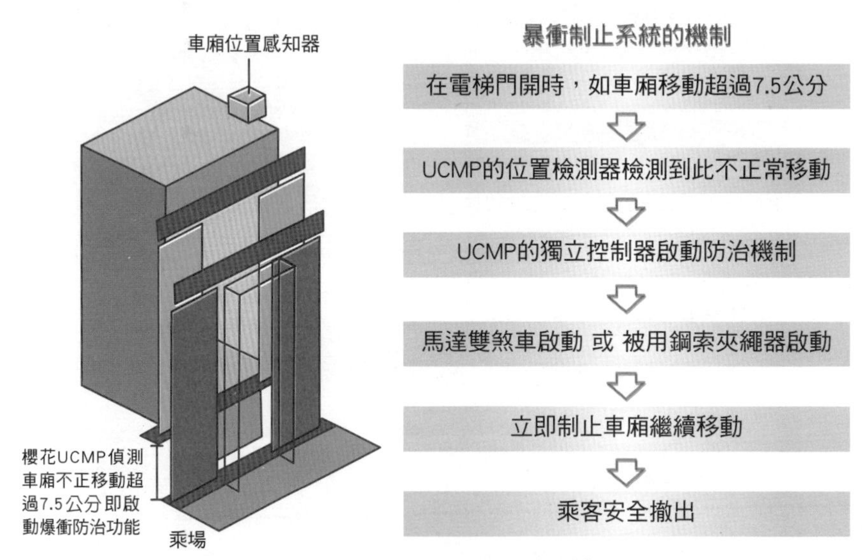

電梯防暴衝保護系統示意圖[19]

[18] 資料來源：https://www.sakuralift.com.tw/admin/product/front/index3.php?id=24&upid=6
[19] 資料來源：https://www.sakuralift.com.tw/admin/product/front/index3.php?id=24&upid=6

三、預防機械停車位故障汽車墜落地下室

機械停車位故障往往都會造成汽車受損以及人命嚴重傷亡，實務上都曾經發生過眞實案例如下：

案例 (1)：2021 年 12 月 9 日台中市北區漢口路一處社區的地下停車場，發生一起停車升降梯機械故障意外，蔡姓男子載著妻子，開車進入地下一樓的停車升降機，想到一樓出口，不料疑因機械故障，造成升降機連人帶車由地下一樓墜落至地下二樓，蔡姓駕駛與妻子 2 人腰部受輕傷，救出後無大礙，但兩人都嚇壞了[20]。本案例因機械停車位的停車升降梯機械故障造成 1 輛汽車受損以及 2 人受傷並飽受驚嚇，所以機電公司應記取本案例之經驗教訓，徹底落實機械停車位的停車升降梯檢修與維護保養以預防升降梯發生突發性的故障墜落，避免人命傷亡與汽車受損。

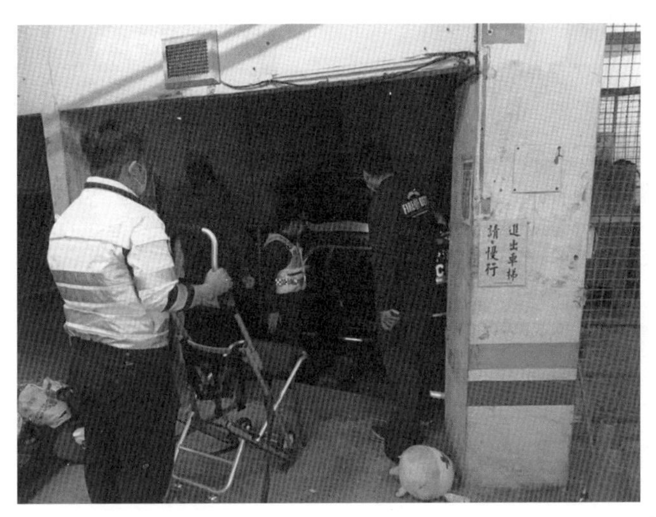

停車升降梯機械故障意外警方會同消防局人員將傷者救出照片[21]

[20] 資料來源：https://news.ltn.com.tw/news/society/breakingnews/3762936

[21] 資料來源：https://news.ltn.com.tw/news/society/breakingnews/3762936

案例 (2)：2019 年 1 月 24 日新北市板橋某社區地下室機械停車位機械設備故障造成車輛突然墜落，張姓車主是健身教練險遭「斷頭」，他當日要從地下停車場把車開出來時，車輛停放的機械車位突然故障，不但把他的車重重往下摔，他還差點被壓到，事後估計他的汽車嚴重受損維修費至少 19 萬。當日張姓車主停好車，折返要回車上拿東西，上升過程中疑似鏈條斷裂，導致停車盤整片下墜，車主若再往前一步恐怕就會被夾入。回到事發現場，地下室 3 層機械車位，當時疑似就是後方鏈條輪盤發生故障，才會突然急墜。當時故障換下的齒輪鏈條還放在一旁，但上面已經破損生鏽斷裂，委外定期保養卻疑似零件太老舊，沒有更換才會發生意外[22]。本案例因機械停車位的機械停車設備突然故障造成 1 輛汽車墜落機坑受損嚴重以及車主飽受驚嚇，所以機電公司應記取本案例之經驗教訓，徹底落實機械停車設備的檢修與維護保養以預防升降梯發生突發性的停車盤下墜或鏈條故障，避免人命傷亡與汽車受損。

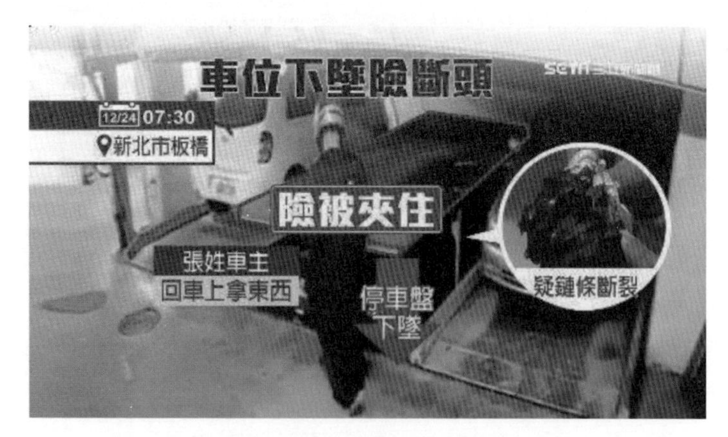

機械車位下墜示意圖[23]

[22] 資料來源：https://today.line.me/tw/v2/article/Y0rxBN

[23] 資料來源：https://today.line.me/tw/v2/article/Y0rxBN

案例 (3)：2019 年 2 月 9 日高雄市左營某社區地下室機械停車位故障造成機械停車位突崩落砸壞了一輛黑色轎車。當時機械停車場進行維修，維修人員一按鈕，上層車位突然崩塌下來，還好維修人員及時跳開，沒有人受傷，但是有一輛黑色轎車被砸到。而黑色自小客的車主接到通知，下樓發現他的愛車，車身右側毀損前擋風玻璃也破裂。大樓住戶表示：「很明顯看到傾斜了，才想說請那個修理汽車位的來做檢查，可能檢查不當，處理不慎才掉下來。」[24] 本案例因機械停車位的機械停車設備上層車位已出現明顯的傾斜現象，維修人員未事先通知故障區域的車輛移走，以致造成 1 輛汽車從上層車位墜落受損嚴重，所以機電公司應記取本案例之經驗教訓，除了平時應徹底落實機械停車設備的檢修與維護保養以外，發現設備已有故障跡象時應先將車輛移動的安全的地方，再進行維修以避免人命傷亡與汽車受損。

高雄左營大樓的機械停車場上層車位突然崩塌照片[25]

24 資料來源：https://news.ebc.net.tw/news/society/153611

25 資料來源：https://news.ebc.net.tw/news/society/153611

由以上機械停車場機械故障眞實案例可知預防機械停車設備發生故障造成車輛墜落並確實更換零件落實維護保養，避免造成人車損傷與住戶恐慌是機電公司應盡的重要責任。但由於機械車位屬於共有部分，但又屬於「約定專用」，根據公寓大廈管理條例第10條，約定專用設施的修繕、管理、維護，由各區權人或約定專用部分之使用人爲之，並負擔其費用。所以機械車位清潔費都會比平面車位多約500元「專款專用」來支付「公電」及保養維護與修繕，這樣對其他未使用機械車位的住戶才公平。但管委會考量社區經費的情況，針對機械停車位委外養護的機電公司，可能採取半責、全責兩種委外養護模式，當機械車位損壞，半責廠商以案計價，平時收費較低，容易耗損的零件都不在免費更換的項目內；全責廠商則平時收費較高，只要停車設備有任何損壞，就要全權負責，所以全責廠商通常也會額外再投保公共意外險等保險，有任何突發狀況的損失會由保險公司賠償。

若社區採用半責的委外養護模式，則住戶使用上應自行留意是否有故障的預兆出現以免管委會爲了省錢沒更換鏈條等消耗性零件造成突發性停車盤墜落；若社區採用全責的委外養護模式，則應監督全責廠商做好定期維護保養並於發現任何故障徵兆應立即通知全責廠商逕行修繕，以確保機械停車位的安全性。

四、預防管線堵塞或馬達故障造成汙水溢流

在社區最常見的汙水或糞水溢流的情況通常是管線堵塞或馬達故障所造成，而汙水或糞水溢流會不僅會造成社區環境衛生嚴重受到汙染，更會造成傳染病的傳播以及空氣中充滿惡臭久久無法散去，因此預防管線堵塞或馬達故障造成汙水溢流是機電公司的重要任務，分別說明預防方式與實際發生案例如下：

(1) 預防管線堵塞造成汙水溢流：實務上最常見管線堵塞造成汙水溢流大多發生在 1 樓或 2 樓，台灣由於大多數建築物一樓會設計爲店面，而店面需要寬闊的面積因此與二樓以上的格局不一樣，所以管線到了二樓就會有許多轉彎處，容易引發汙水管線堵塞，因此住戶可建議管委會應由機電公司至少每年定期安排一次水電師傅以高壓水刀或機械通管機將所有汙水管線通管一次，以預防管線堵塞造成汙水溢流。下圖爲高壓水刀疏通汙水管的實際操作照片，從下圖中可發現使用高壓水刀通管清理汙水管，可以清理出汙水管內大量堆積的汙泥，確實達到預防管線堵塞的效果。

使用高壓水刀通管清理汙水管內的汙泥[26]

26 資料來源：https://jiou-da.com/2021/03/16/%E4%B8%AD%E5%92%8C%E5%8D%80%E6%B0%B4%E5%88%80%E9%80%9A%E7%AE%A1/

高壓水刀通管效果示意圖[27]

(2) 管線堵塞造成汙水溢流的實際案例：台北市蘇姓男子 2008 年間在新竹縣竹北市買房，並花百萬元裝潢，不過還沒入住就因樓上住戶沒公德心，把衛生棉、垃圾丟入馬桶，造成公共汙水管阻塞，糞水溢流充滿 1 樓屋內，蘇姓男子認為管委會未盡管理之責而向法院提告，並告訴法官，他每月繳 2000 多元管理費，但因管委會疏於維護、管理公共管線，造成糞水在 2008 年 12 月間，從他家的馬桶溢出，由於他平日未居住在新竹，等發現時，室內裝潢已大半浸泡在糞水中，臭味四溢，裝潢嚴重受損，管委會難辭其咎。不過管委會反駁大樓是新建，並非老舊社區，平時已委託專業公司負責汙水處理，對於汙水管線內被丟

27 資料來源：https://www.love-green.com.tw/qa2.html

入衛生棉等異物而發生阻塞的機率，超出管委會可預料範圍，同時原告未久住，對於自己專有部分未妥善管理，導致損害發生並擴大。但法官認為，住戶因出國或工作未居住在自宅屬常態，不能以此要求屋主善盡注意義務，同時依公寓大廈管理委員會法定職務範圍，包含共用部分的清潔、維護、修繕等事項，雜物阻塞在公共汙水管線中，被告仍有修繕、維護義務，而原告財物的確是因公共管線阻塞回流造成損失，所以新竹地方法院審理認為管委會有過失，判原告勝訴，判管理委員會應賠償 53 萬多元給蘇姓男子[28]。由以上案例可以發現就算是新完工 2 年內的建築物也是會發生公共管線阻塞引起汙水溢流的，所以機電公司應記取本案例之經驗教訓，建議管委會應定期使用「高壓水刀疏通汙水管」，可以有效清理長時間堆積在汙水管的汙泥或雜物，避免汙水管因汙泥或雜物堵塞造成汙水溢流，以預防因管線堵塞造成汙水溢流嚴重衝擊環境衛生。

(3) 預防馬達故障造成汙水溢流：實務上最常見馬達故障造成汙水溢流大多發生在地下室的最底下一層放置汙水池的地下樓層，台灣由於並非所有的社區大樓都會把汙水直接排放到政府所建置的汙水下水道，而依據建築技術規則建築設計施工編第四十九條規定：沖洗式廁所排水、生活雜排水除依下水道法令規定排洩至汙水下水道系統或集中處理場者外，應設置汙水處理設施，並排至有出口之溝渠，其排放口上方應予標示，並不得堆放雜物。所以社區大樓的汙水沒直接排放到政府汙水下水道的社區，依據法令必須設置汙水處理設施，通常社區的汙水處理設施是放在地下室的最底下一層，是由一系列的汙水池所組

[28] 資料來源：https://news.ltn.com.tw/news/local/paper/382449

新竹某社區糞水溢流到一樓的照片[29]

成，汙水處理系統之處理流程示意圖如下圖所示，經過處理後的汙水達到法定排放標準後，再使用抽水馬達排放到區域排水系統或社區周邊的雨水排水溝（請參考下圖社區專用汙水處理系統之排放流程示意圖）。若是汙水池的抽水馬達故障無法排水，就會發生汙水或糞水溢流到地下室的樓板上，造成地下室瀰漫著濃濃的糞水臭味，糞水臭味甚至會隨著飄散進電梯，更進而在每個樓層的梯廳皆可聞到糞水臭

[29] 資料來源：https://news.ltn.com.tw/news/local/paper/382449

味，對於環境衛生造成莫大損害。所以機電公司應定期檢查地下室汙水馬達的運作情況，若有故障情形應立即修繕或更換馬達，同時可建議管委會應裝設「高水位警報器」，在汙水尚未溢出時，可以事先發出預警。並建議管委會準備「小型手提抽水幫浦」，當原有幫浦皆故障時，可以在第一時間救急，把溢流到地下室的樓板上的糞水先行抽除，減少損失。

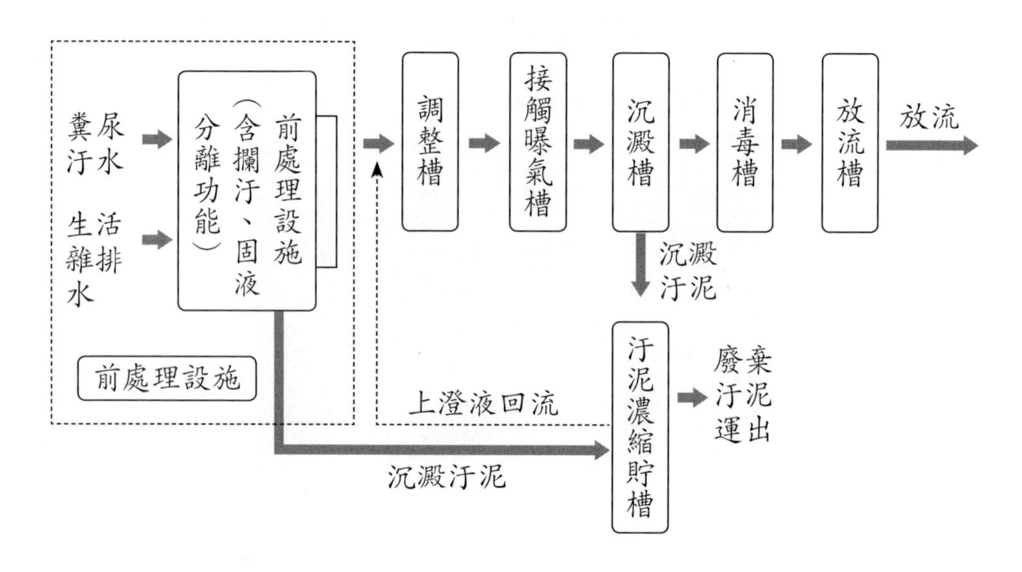

社區專用汙水處理系統之處理流程示意圖

社區專用汙水處理系統之排放流程示意圖[30]

機電公司可以參考汙水（揚水）泵浦下列兩項檢查指標，來判斷馬達是否故障，(1) 絕緣測試：可採用 500 伏特級數的「高阻計」量測是否漏電，正常絕緣電阻值（歐母數）在 20M 歐母以上；如果低於 1M 歐母時，馬達可能會漏電，造成漏電斷路器跳脫。(2) 電流測試：可採用勾表量測電流值與標示之差異是否 5% 以內及量測三線電流值是否平衡，其誤差是否 5% 以內。於裝設泵浦之前，可採用三用電表電壓檔

30 資料來源：https://www.wrs.ntpc.gov.tw/home.jsp?id=1163650f96e90679

量測三相電壓値是否在標準値 10% 以內，或是否欠相，避免燒毀[31]。汙水泵浦安裝在化糞池底，其構造是採用密閉式製作，除非有特殊狀況產生，否則沒有任何機電保養廠商會抽除池內之汙水施作定期維護。所以一般可如前段所述定期量測電壓、電流及絕緣電阻來來判斷馬達是否故障。另外要注意的是控制盤內泵浦的電磁開關，因爲長期間的吸、放，接點容易耗損造成接觸點接觸不良乃注意的重點，同時也要注意其螺絲是否鬆動。以避免接觸不良造成斷電汙水泵浦不運作而引發糞水溢流。

(4) 馬達故障造成汙水溢流實際案例：新北市某社區在 2020 年 1 月發生地下五樓之汙水馬達設備故障，汙水無法向外排除，以致汙水溢流於地下五樓大片面積，必須安排細部清潔與消毒作業，並通知地下五樓的車主配合移置車輛，由管理中心統一通知分配臨時停車位。其社區公告如下圖所示。該社區是在 2018 年完工，2020 年當時僅是完工不到 2 年的新成屋，但卻發生了馬達故障造成汙水溢流事件，所以必須要注意並不是新成屋就不會發生馬達故障造成汙水溢流，而該社區更扯的是 2022 年 2 月份農曆春節大年初五，又再度發生馬達故障造成汙水溢流，更糟糕的是意外恰巧發生在大年初五，現場工作人員比平時要少得多，要找清潔公司來消毒也得等上幾天，又適逢新冠肺炎疫情期間，此時發生汙水溢流更是對環境衛生造成極大的衝擊。由以上案例可以發現就算是新完工 5 年內的建築物，也是會發生汙水馬達機械故障的，所以機電公司應記取本案例之經驗教訓，建議管委會應裝設「高水位警報器」，在汙水水位出現高水位異常時，可以事先發出預警訊息，讓現場工作人員有時間啟動備用抽水機預防，以預防因馬達故障造成汙水溢流嚴重衝擊環境衛生。

---

31 資料來源：http://css3html5text.blogspot.com/2015/01/blog-post_2.html

〈　公告內容

地下五樓汙水溢流事件

2020/×/× 維修保養

親愛的芳鄰您好：
今日凌晨地下五樓之汙水設備跳脫，汙水無法外排，以致溢流大片面積，目前已初步處理完畢，日間將再安排細部清潔與消毒作業。
目前地下五樓地面仍濕滑且異味較濃，請芳鄰進出時務必小心慢行，注意安全，並暫時戴上口罩，以免造成身體不適。
為配合地下五樓清潔作業，敬請地下五樓之車主配合移置車輛，臨時停車位將由管理中心統一通知、分配。
造成不便，敬請見諒。

馬達故障造成汙水溢流實際案例的社區公告

公告　111 年 × 月 × 日

主旨：汙水設備故障公告。
說明：
因社區 B5 汙水馬達故障，廠商　　　機電已施做緊急抽水設施，住戶進出地下 5 樓時請注意地上管線住戶如在電梯聞到臭味請多多包涵。

造成不便，祈請見諒！

管理中心　敬啟
中華民國 111 年 × 月 × 日

同一社區馬達再次故障造成汙水溢流實際案例的公告

五、預防突發性設施故障造成停水、溢水或停電

突發性設施故障造成停水、溢水或停電往往都會造成生活上極度不方便，茲分別說明預防方式與案例如下：

(1) 突發性設施故障造成停水案例：一般會發生突發性停水大多是因爲抽水馬達或水位控制設施故障引起地下室蓄水池缺水、或是頂樓蓄水池或水塔缺水所造成，有一個社區無預警停水的實際案例，是基隆暖暖區幸福華城社區的社區加壓站抽水馬達故障，再加上社區內水管可能

破漏，水無法輸送到配水池，才會無預警停水。幸福華城社區住戶有1300 多戶陸續停水，有的已停水 4 天，住戶抱怨，學生不能洗澡，衣服堆了一大堆沒法洗，有些白天上班，晚上較晚回家，沒法提水的住戶，沖廁所都有問題，根本對生活造成重大不便[32]。本案例是因爲抽水馬達故障引起無預警停水，所以機電公司應記取本案例之經驗教訓，建議管委會應在蓄水池裝設「水位警報器」，在接近低水位時先發出警報，並搭配例行性的檢修，以避免抽水馬達故障，引起無預警停水造成住戶困擾。

社區無預警停水老伯伯拿水壺和小水桶來回提了 7 趟水

資料來源：自由時報[33]

[32] 資料來源：https://news.ltn.com.tw/news/local/paper/272344

[33] 資料來源：https://news.ltn.com.tw/news/local/paper/272344

停水的另一個實際案例是頂樓蓄水塔與地下室蓄水池同時缺水，經查發現停水原因是水電師傅進行維修更換液位控制器的零件三叉電極棒後，竟然忘記將進水開關（進水凡爾）打開，結果地下蓄水池揚水馬達因水位控制器感應到低水位而自動斷電，故蓄水池揚水馬達無法將水送往頂樓水塔而造成缺水。本案例是因爲人爲疏失造成機械停擺引發停水，所以機電公司應記取本案例之經驗教訓，工作人員檢修後應再次確認一切運作正常後才能離開，以避免人爲疏失引起無預警停水造成住戶困擾。

(2) 預防頂樓蓄水池缺水的檢修措施：當抽水幫浦無法將水打到頂樓蓄水池時，除了揚水馬達（幫浦）本身損壞之外，也有可能是其他原因所導致，所以機電公司也可做以下檢修措施來預防頂樓蓄水池缺水：檢查逆止閥是否損壞、池內管路裂開或脫落、漏電導致漏電斷路器跳脫、池內電線斷線、幫浦反轉、幫浦欠相、過載保護器跳脫、三相電流是否正常以及絕緣是否正常[34]。

(3) 防範地下室蓄水池溢水的措施：地下室蓄水池通常採用浮球開關控制來控制進水量及蓄水池水位，但浮球是耗材經過多年使用之後一定會損壞，浮球損壞後就無法控制進水量及蓄水池水位，所以當浮球故障造成蓄水池水位不斷的升高而溢流時，而該蓄水池如果未裝設「溢水口」可將溢流的水排除，那溢流的水會從蓄水池的「人孔蓋」溢流出來，再流向停車場或機械車位或電梯機坑，將造成泡水車以及電梯機坑泡水等嚴重的損失及電梯機械故障與諸多不便。目前約有 90% 的大樓有裝設「溢水口」，蓄水池水位升高之後會流向「溢水口」，經由溢水管將溢出的水排到廢水池，藉由廢水幫浦再將水抽到一樓水溝，

---

[34] 資料來源：https://tthankyou3.pixnet.net/blog/post/225894557

因此當進水浮球控制開關故障時，將會造成水費增加。所以地下室蓄水池有以下兩種方法防範溢水，方法一：安裝蓄水池「高水位警報器」：本方式優點為可於蓄水池尚未溢出時即發出警報，並可立刻處理，但是感知接點容易生鏽、蜂鳴器容易故障，因此一定要固定時間做測試並更換料件。方法二：裝設「排水視窗」：在溢水管中間將管子鋸出一個缺口，缺口的下方裝設一個較大的漏斗，當浮球開關無法止水時，水位會上升從溢水口流出，經過溢水管時，就會被發現有漏水現象。裝設排水視窗的優點為安裝容易、不用定期測試，也不容易損壞，唯一的缺點是水漏出來了才會得知[35]。

實務上大樓發生蓄水池滿水而溢流情形最為常見，而所衍生的糾紛最多，同時賠償以及損失金額也很多（如車輛泡水、電梯機坑泡水），因此機電公司可建議大樓管委會在水電消防系統加裝下列水位預警設備：消防蓄水池高水位警報、電梯車坑水位警報、機械停車位車坑水位警報以及上水池高水位警報，可以有效預防溢水造成泡水車、電梯故障、水費暴增及電費暴增等缺失。

[35] 資料來源：http://oga.nchu.edu.tw/upfile/file/fdd4b2397ad7d06dc8552ad322276cbd2861f028.pdf

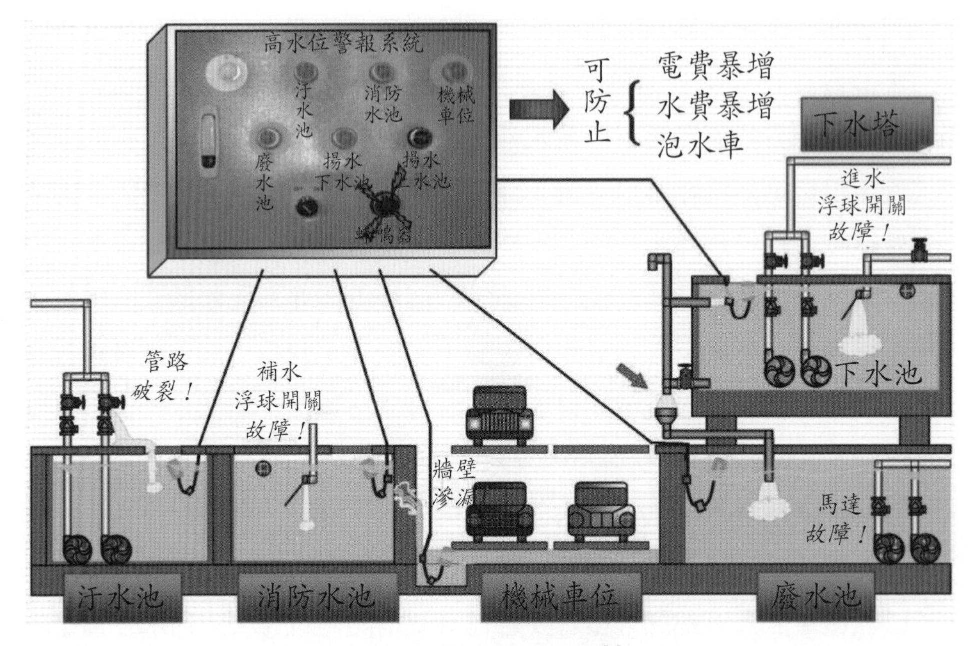

高水位預警系統示意圖[36]

資料來源：徐春福，〈大樓機電設備管理維護及節能改善〉

(4) 預防突發性停電的措施：一般新大樓大多會設置備載發電的柴油發電機（如下圖柴油發電機示意圖所示），來作為停電時的緊急供電設備。同時新大樓也會將緊急電源配置在電梯、公共照明使用，另外也會將緊急電源配置在各住戶家裡大廳的照明設備，以及配置 2 至 3 處緊急電源插座（一般放在客廳及廚房），當停電的時候大廳的電燈仍然有電可照明，而緊急電源插座就可以發揮供電效果，緊急電源插座看起來與一般的插座相同，但外框是白色、內部是紅色（如下圖緊急電源插座所示），當台電停電時，住戶可用來連結重要設備或冰箱使

[36] 資料來源：http://oga.nchu.edu.tw/upfile/file/fdd4b2397ad7d06dc8552ad322276cbd2861f028.pdf

用，維持重要事務運作並避免冰箱食物腐敗。所以機電人員應定期維護保養社區緊急發電機，同時每月至少要進行一次測試，確保發電機可正常運作，並定期落實設備及時更新。

柴油發電機示意圖[37]

[37] 資料來源：https://www.jioufong.com.tw/product-detail-556283.html

緊急電源插座照片

雖然社區備有緊急發電機，但遇到突發性停電仍可能造成社區設備或電器故障，例如 2022 年 3 月 3 日的 303 大停電，導致各社區有不同的電器設備故障，有的是消防授信總機螢幕面板，有的則是電燈控盤及對講機，根據損害的程度，有社區預估要花近 10 萬元維修理。2021 年 5 月 17 日的 517 大停電後，也有社區的監視螢幕燒壞[38]。這是因爲停電後復電瞬間電壓往往會飆高，「可能衝擊搭載 IC 電路板的冷氣、冰箱、微波爐、電腦、螢幕或電子設備等造成設備故障。」因此停電後第一件事必須先「關總電源」，第二步就是「把易損壞的電器插頭拔掉」，等到復電一段時間電壓穩定後再開啟電源[39]。

---

38 資料來源：https://www.ettoday.net/news/20220307/2202801.html

39 資料來源：https://star.ettoday.net/news/2200236

課題 5.1.2

確保消防設施正常安全運作

聘用具有消防相關專業證照人員進行消防設施維護

機電公司在「確保消防設施正常安全運作」有哪些責任呢？

小叮嚀：基本上機電公司在「確保消防設施正常安全運作」管理服務最重要的是落實聘用具有消防相關專業證照人員，進行消防設施維護，以便能安全正確地為社區完成消防設施維護服務。當然協助維護消防設備系統正常運作且預防人為關機以及偵煙設備未被防塵套遮蔽、協助牆壁及樓板貫穿處週圍開孔以防火泥填塞等都是機電公司的責任。

機電公司針對「確保消防設施正常安全運作」的責任爲：(1) 聘用具有消防相關專業證照人員進行消防設施維護以便能安全正確地爲社區完成消防設施維護服務；(2) 協助維護公共區的偵煙設備正常運作且未被防塵套遮蔽；(3) 協助維護消防設備系統正常運作且預防人爲關機；(4) 協助牆壁及樓板貫穿處周圍開孔須以防火泥填塞，茲說明內容如下：

一、聘用具有消防相關專業證照人員進行消防設施維護

消防設施維護是非常專業的工作，而且相關作業項目涉及整體社區的消防安全，所以現場作業人員應經專業培訓並取得消防相關證照方能擔任消防設施維護工作，從事消防設施維護相關證照整理如下表所示。

消防設施維護相關證照一覽表

級別	證照名稱	註
專技高考	消防設備師	
專技普考	消防設備士	
丙級技術士	防火管理人證照	
乙級	水系統消防安全設備技術士	已停辦考試
乙級	化學系統消防安全設備技術士	已停辦考試
乙級	警報系統消防安全設備技術士	已停辦考試
乙級	避難系統消防安全設備技術士	已停辦考試
乙級	滅火器消防安全設備技術士	已停辦考試
丙級	防火避難設施管理人員證照	
丙級	公寓大廈設備安全服務人員證照	

上表中與社區消防安全設施維護有最直接關聯的證照有：「防火管理人證照」、「消防設備士」、「水系統消防安全設備技術士」、「化學系統消防安全設備技術士」、「警報系統消防安全設備技術士」、「避難系統消防安全設備技術士」以及「滅火器消防安全設備技術士」，分別說明如下：

1. 防火管理人證照：依據消防法第 13 條規定：一定規模以上供公眾使用

建築物，應由管理權人，遴用防火管理人，責其製定消防防護計畫，報請消防機關核備，並依該計畫執行有關防火管理上必要之業務。一定規模指的是地面樓層達十一層以上建築物、地下建築物或中央主管機關指定之建築物，其管理權有分屬時，各管理權人應協議製定共同消防防護計畫，並報請消防機關核備。所以社區高度達十一層以上建築物就必須聘請防火管理人製定共同消防防護計畫。台灣消防主管機關消防署針對防火管理採用「防火管理制度」（如下圖防火管理制度示意圖），簡單的講即是公共場所業主應指定專人（即防火管理人），接受適當的講習、訓練，就建築物特性策訂整體安全之消防防護計畫，並依據該防護計畫實施員工滅火報警訓練、消防安全設備維護、防火避難設施及能源設備使用管理監督等，以保障該公共場所之安全，所以管理權人（如：主委、負責人、董事長）應遴用防火管理人（如：經理、店長、管理人員等），負責監督管理場所內的防火管理事項[40]。法規上是主委也可擔任防火管理人，也可以指定有防火管理人證照的住戶擔任，但由於責任重大通常沒有人願意扛起防火責任，所以一般可委由機電消防公司或物業公司協助聘任防火管理人（如下圖台中大鵬新城委託聘任防火管理人實例），故在社區從事消防設施維護保養或修繕的工作人員應具有「防火管理人」證照。

40 資料來源：https://www.nfa.gov.tw/cht/index.php?code=list&ids=298

防火管理制度示意圖[41]

資料來源：消防署官網

41 資料來源：https://www.nfa.gov.tw/cht/index.php?code=list&ids=298

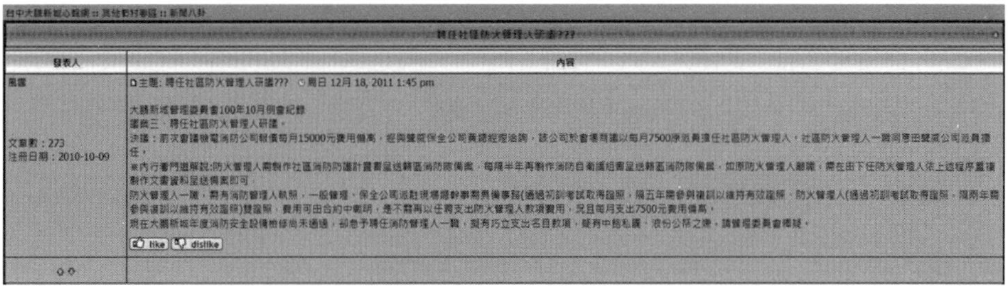

台中大鵬新城委託聘任防火管理人實例[42]

擔任「防火管理人」者，需爲管理或監督層次之人員，並經直轄市、縣（市）消防機關或中央消防機關認可之專業機構，接受 12 小時以上之講習訓練合格領有證書始得擔任。並且，每 3 年至少應接受複訓 1 次。防火管理人業務主要內容有：(1) 制定消防防護計畫，規劃防災相關事項。(2) 自衛消防編組：員工在 10 人以上者，至少編組滅火班、通報班及避難引導班；員工在 50 人以上者，應增編安全防護班及救護班。(3) 規劃防火避難設施自行檢查，每月至少檢查一次，檢查結果如有缺失，應報告管理權人立即改善。(4) 規劃消防安全設備之維護管理。(5) 火災及其他災害發生時之滅火行動、通報連絡及避難引導等。(6) 實施滅火、通報及避難逃生訓練，每半年至少應舉辦一次，每次不得少於 4 小時，並應事先通報當地消防機關。(7) 防災應變之教育訓練。(8) 用火、用電之監督管理，減少因用火、用電不愼所引發之火災。(9) 制定防止縱火相關措施，杜絕縱火案件發生。(10) 設置場所之位置圖、逃生避難圖及平面圖。(11) 遇有增建、改建、修建、室內裝修施工時，需另定消防防護計畫，以監督施工單位用火、用電情形。(12) 其他防災應變上之

42 資料來源：https://bigpengbird.666forum.com/t169-topic

必要事項[43]。

2. 消防設備士證照：消防法第七條規定：各類場所消防安全設備設置標準設置之消防安全設備，其設計、監造應由消防設備師爲之；其裝置、檢修應由消防設備師或消防設備士爲之。所以在社區從事消防維護保養或修繕的工作人員應具有「消防設備士」證照。

   1995 年衛爾康西餐廳大火釀 64 死、11 傷，喚起政府對消防專業分工的重視，並在當年修正《消防法》，推行消防設備師與消防設備士國家考試，由消防設備師執行各類場所消防安全設備的設計與監造，消防設備士負責裝置及檢修。不過當年政府考量推行之初通過消防設備師、士國考人數不多，故開放「暫行人員」加入執業，准許建築師、七科技師和消防安全設備職類乙級技術士，在通過講習課程後取得執業許可。因此目前有一些消防設備檢修業務不一定是由消防設備師或消防設備士來執行，但是 2020 年 4 月錢櫃林森店大火，現場 5 大消防系統被關閉，導致逃生難度遽增，死傷慘重。事後施工包商之一、負責消防設備檢修的大心工程坦承，2 月底爲因應電梯工程，從 9 樓逐層往下關閉灑水系統；爲更改管線，也陸續關閉室內消防栓水源；事發當天也曾關閉廣播系統電源，相關消防設備形同虛設，也引發社會大衆再度關注必須有消防設備師或消防設備士介入監督。一名消防設備師指出：「眞正專業的消防專技人員，怎麼可能把整棟系統全關掉！」依施工中的消防安全管理員則，若眞得暫時關閉消防設備，一定會將範圍限縮到最小，且關閉後應有替代方案，假設火災探測器迴路須暫時切斷，可透過加裝住宅警報器補強，火災發生依然會發出警報[44]。所以 2020 年 4 月的錢櫃 KTV

[43] 資料來源：https://www.nfa.gov.tw/cht/index.php?code=list&ids=298

[44] 資料來源：https://www.upmedia.mg/news_info.php?Type=1&SerialNo=90120

大火，這起事件凸顯了整套制度推行至今仍未走向專業分工，也沒有相關管理機制，使得消防檢修從業人員素質參差不齊。所以住戶可建議管委會要求消防公司派駐社區從事消防維護保養或修繕的工作人員應具有「消防設備士」證照以確保消防設備維護保養品質。

消防專技人員通過高普考後，消防設備師要受訓 270 小時，暫行人員只需訓練 44 小時；消防設備士則需訓練 180 小時，暫行人員只需 16 小時。雙方對於消防設備設計、監造、裝置和檢修的專業知識和執業能力，有一定程度差別[45]。所以還是建議社區聘任消防設備士來檢修。

3. 水系統消防安全設備技術士證照：乙級水系統消防安全設備技術士可從

---

[45] 資料來源：https://www.upmedia.mg/news_info.php?Type=1&SerialNo=90120

事於第二類消防安全設備「消防栓、自動撒水、自動水及自動泡沫」施工時之安裝、完工後之維護保養工作。所以在社區從事消防安全設備「消防栓、自動撒水、自動水及自動泡沫」之保養維護或修繕的工作人員，應具有「水系統消防安全設備技術士證照」。不過目前乙級水系統消防安全設備技術士證照考試已停辦[46]，所以也可以由具有「消防設備士」或「消防設備師」證照的工作人員替代。

4. 化學系統消防安全設備技術士證照：乙級化學系統消防安全設備技術士可從事於第三類消防安全設備「自動二氧化碳、自動海龍及自動乾粉」施工時之安裝、完工後之維護保養工作。所以在社區從事第三類消防安全設備「自動二氧化碳、自動海龍及自動乾粉」之保養維護或修繕的工作人員應具有「化學系統消防安全設備技術士證照」不過目前乙級化學系統消防安全設備技術士證照考試已停辦[47]，所以也可以由具有「消防設備士」或「消防設備師」證照的工作人員替代。
5. 警報系統消防安全設備技術士證照：乙級警報系統消防安全設備技術士可從事於警報系統消防安全設備施工時之安裝、完工後之維護保養工作。所以在社區從事消防安全設備「警報系統」之保養維護或修繕的工作人員，應具有「警報系統消防安全設備技術士證照」。不過目前乙級警報系統消防安全設備技術士證照考試已停辦[48]，所以也可以由具有「消防設備士」或「消防設備師」證照的工作人員替代。
6. 避難系統消防安全設備技術士證照：乙級避難系統消防安全設備技術士證照可從事於避難系統消防安全設備施工時之安裝、完工後之維護保養

46 資料來源：https://www.1111edu.com.tw/licence_content.php?autono=837

47 資料來源：https://www.1111edu.com.tw/licence_content.php?autono=840

48 資料來源：http://www.1111edu.com.tw/edu_mobile/licence/detail.php?autono=846

工作。所以在社區從事消防安全設備「避難系統」之保養維護或修繕的工作人員應具有「避難系統消防安全設備技術士證照證照」不過目前乙級避難系統消防安全設備技術士證照考試已停辦[49]，所以也可以由具有「消防設備士」或「消防設備師」證照的工作人員替代。

7. 滅火器消防安全設備技術士證照：乙級滅火器消防安全設備技術士可從事於第二類消防安全設備「消防栓、自動灑水、自動水及自動泡沫」施工時之安裝、完工後之維護保養工作。所以在社區從事第二類消防安全設備「消防栓、自動灑水、自動水及自動泡沫」之保養維護或修繕的工作人員應具有「滅火器消防安全設備技術士證照」不過目前乙級滅火器消防安全設備技術士證照考試已停辦[50]，所以也可以由具有「消防設備士」或「消防設備師」證照的工作人員替代。

二、協助維護公共區的偵煙設備正常運作且未被防塵套遮蔽

實務上曾經發生新北市某一新大樓剛完工交屋接近一年，社區所有公共空間偵煙感知器上的防塵透明塑膠罩（如下圖偵煙感知器與防塵透明塑膠罩照片所示）竟然都沒有拿掉，此舉等同公共空間偵煙感知器形同虛設，剛開始發生火災的瞬間是無法發出火災警報的，將會錯失寶貴的搶救及逃生時間！ 由於防塵塑膠罩是透明的，所以很多人沒仔細看也沒發現，因此消防設備檢修人員巡檢時，應協助社區特別留意偵煙感知器是否被防塵套遮蔽，若有防塵套遮蔽應立即拆除防塵套。此外！一般住家專有部分在客廳、廚房及臥室也都會設置偵煙感知器，由於消防設備檢修人員不一定都能進入住家專有部分巡檢，因此建議剛買新房屋的住戶，應特別

49 資料來源：https://www.1111edu.com.tw/licence_content.php?autono=847

50 資料來源：https://www.1111edu.com.tw/licence_content.php?autono=848

留意偵煙感知器上的防塵套是否已經移除，如未移除應盡速移除以免發生火災時偵煙感知器無法作用。

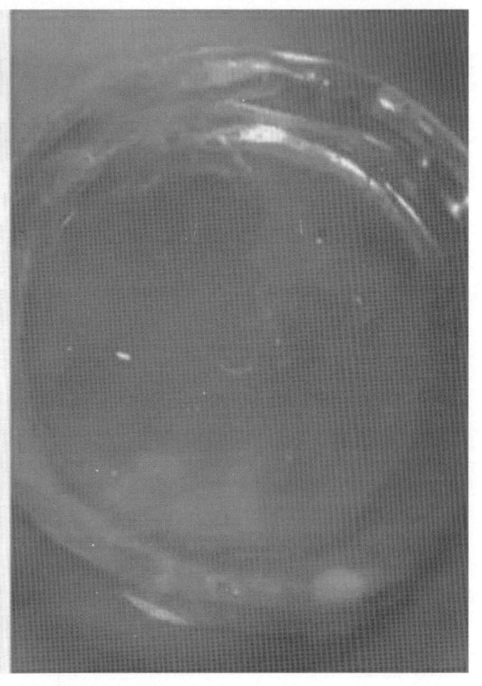

偵煙感知器與防塵透明塑膠罩照片

實務上也曾經發生偵煙感知器鏽蝕（如下圖偵煙感知器鏽蝕照片）或過於老舊而無法正常運作，因此消防設備檢修人員巡檢時應協助社區特別留意偵煙感知器是否已超過使用年限或故障無法作用，方能確保社區的消防安全。

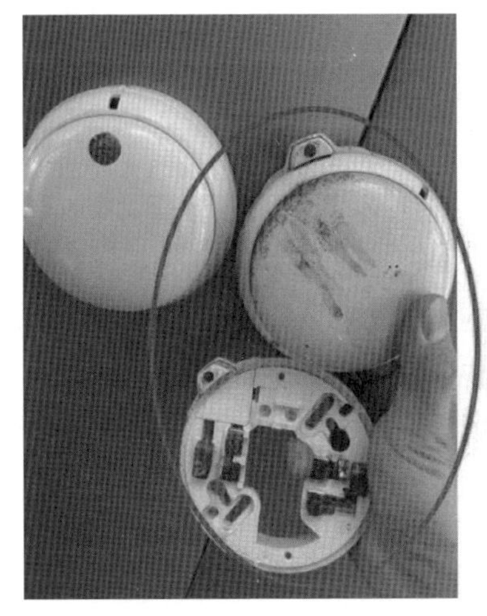

偵煙感知器鏽蝕照片[51]

資料來源：徐春福，〈老舊公寓大廈公共安全、消防安全之挑戰與改善策略〉

三、協助維護消防設備系統正常運作且預防人為關機

台北市林森北路錢櫃 KTV 於 2020 年 4 月 26 上午驚傳火警，造成 54 人送醫，其中 5 人死亡、2 人命危之重大悲劇，台北市消防大隊第三大隊長王正雄指出，錢櫃將其整棟大樓的的排煙、灑水、消防警報、住宅警報器及廣播系統等 5 項消防設備系統全關，是嚴重的「人爲疏失」。初判可能因電梯施工人員擔心引發警報，關閉消防設備系統釀成大禍。其實像這種因爲擔心消防警鈴大做而便宜行事將消防設備系統關機也常見於人口密

51 資料來源：http://tipm.org.tw/Download/News/1101209%E8%80%81%E8%88%8A%E5%85%AC%E5%AF%93%E5%A4%A7%E5%BB%88%E5%85%AC%E5%85%B1%E5%AE%89%E5%85%A8%E3%80%81%E6%B6%88%E9%98%B2%E5%AE%89%E5%85%A8%E4%B9%8B%E6%8C%91%E6%88%B0%E8%88%87%E6%94%B9%E5%96%84%E7%AD%96%E7%95%A5.pdf

集的社區大樓，尤其是發生在剛完工交屋的新大樓，由於剛交屋的新大樓陸陸續續有多戶在裝潢施工，裝潢施工期間很可能因粉塵過多或天花板施工或變更隔間施工等引發警報系統警鈴大作，而且可能由於好幾十戶在裝修，因而常見一口氣出現高達好幾十處有異常警報，因此有些物管人員便宜行事將消防設備系統關機或將消防警報系統喇叭關閉以免警鈴大作，舉一眞實案例：新北市某新大樓剛完工交屋接近一年，社區所有公共空間偵煙器上的防塵透明塑膠罩竟然都沒有拿掉，此舉等同公共空間偵煙器形同虛設，因此住戶向物業公司派駐在社區的主管反映，交屋接近一年已有許多住戶入住，建議應拆除偵煙器上的防塵罩以維護大衆消防安全，結果該主管竟然回覆說因爲消防受信總機出現高達 20 幾項缺失，多次通知建商都沒派員修繕，因此目前消防受信總機是關閉的，就算拆除偵煙器上的防塵罩也沒用，發生火警也不會響。會發生這種情形，是因爲建商多把消防系統的異常歸咎於住戶的裝潢施工所造成，而不願意派員修繕，或是想等公設點交時再一口氣修好缺失，不用常常派人來修繕浪費成本，而物業主管又怕警報亂響被住戶罵，索性把主機關機或警報系統喇叭關閉，但這樣做在裝潢施工期間是極其危險的，一旦不小心發生火災將會因警報器鈴聲不響而釀成大禍[52]。因此消防設備檢修人員應協助社區特別留意消防設備是否被關機或故障無法作用，杜絕錢櫃悲劇發生在社區大樓，維護消防設備系統正常運作方能確保社區的消防安全。

---

[52] 資料來源：陳建謀，〈愼防錢櫃悲劇發生在社區大樓〉，蘋果日報 https://tw.appledaily.com/forum/20200427/KHEL3YBEQ65GEPJWXNAMZJ662A/

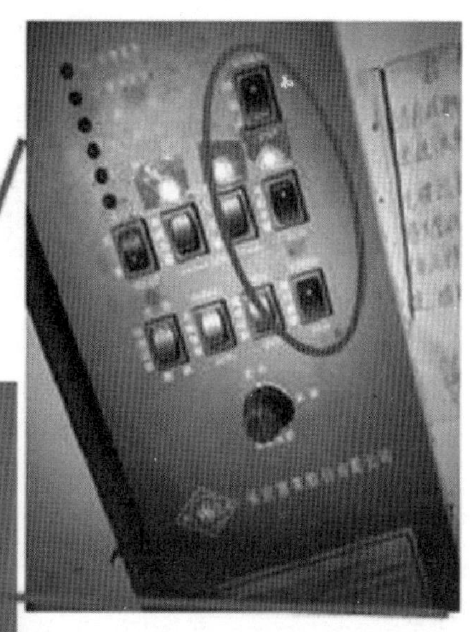
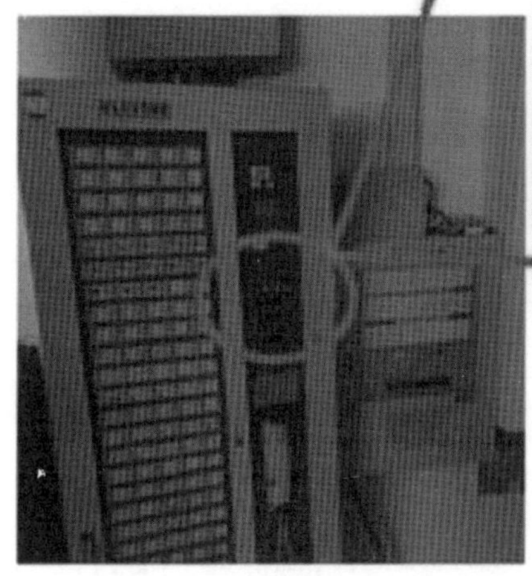

林森北路錢櫃 KTV 火災現場之消防信總機地區音響關閉照片[53]

資料來源：蘋果日報

[53] 資料來源：https://tw.appledaily.com/local/20200427/NBDLYCQM6TVGHJ5GQPM2MFOB6M/

林森北路錢櫃 KTV 火災現場之排煙閘門未開啟照片[54]

四、協助牆壁及樓板貫穿處周圍開孔須以防火泥填塞

2001 年 5 月 12 日四時，汐止東方科學園區 A 棟三樓承租戶玄關遺留火種遭外力打翻引發火災；至下午一時三十分止暫停救火時止，燒毀 A 棟三樓及四樓廠戶；但高溫所殘留的餘火進入管道間，造成十六樓發生二

54 資料來源：https://tw.appledaily.com/local/20200427/NBDLYCQM6TVGHJ5GQPM2MFOB6M/

度火災，並延燒 A 棟與 B 棟十六樓至二十六樓，迄至 13 日才完成滅火。當時位於 25 樓的味全總部全毀，超過兩百家廠商受到影響。延燒 43 個小時才撲滅，創下台灣火警史上延燒時間最長紀錄，財物損失 130 億元也最嚴重[55]。汐止東方科學園區大火延燒43個小時其中一個重要原因是因爲管道間管路防火塡塞未落實施工導致管道間煙囪效應〔郝文全，2018〕，造成火勢由低層延燒至高層區域，爲防範相同的悲劇再度發生，故建築法令修改要求落實全國管道間及樓板貫徹之防火塡塞系統，法源依據爲建築技術規則建築設計施工編，其法規內容如下：(1) 第 85 條：貫穿防火區劃牆壁或樓地格之風管，應在貫穿部位任一側之風管內，裝設防火閘門，其與貫穿部位合成之構造，並應具有一小時以上之防火時效。貫穿防火區劃牆壁或樓地板之電力管線、通訊管線及給排水管線或管線匣、與貫穿部位合成之構造，應具有一小時以上之防火時效。(2) 第 205 條：給水管瓦斯管配電管及其他管路均應以不燃材料製成，其貫通防火區劃時，貫穿部位與防火區劃合成之構造應具有二小時以上之防火時效。(3) 第 247 條：高層建築物各種配管管材均應以不燃材料製成，或使用具有同等效能之防火措施，其貫穿防火區劃之孔隙應使用防火材料塡滿或設置防火閘門。

實務上有些大樓並未落實管道間及樓板管線貫徹之防火塡塞系統（如下圖牆壁貫穿處開孔處未使用防火泥塡塞照片所示），因此消防設備檢修人員應協助社區特別留意管道間、牆板及樓板管線貫穿處是否依法落實防火塡塞施工，以杜絕汐止東科大火事件再次發生在社區大樓，若發現未依法施工，應協助社區於牆壁及樓板貫穿周圍開孔處，以防火泥塡塞施工以確保社區的消防安全。

---

[55] 資料來源：https://zh.m.wikipedia.org/zh-tw/%E6%9D%B1%E6%96%B9%E7%A7%91%E5%AD%B8%E5%9C%92%E5%8D%80

牆壁貫穿處開孔處未使用防火泥填塞照片[56]

資料來源：徐春福，〈老舊公寓大廈公共安全、消防安全之挑戰與改善策略〉

56 資料來源：http://tipm.org.tw/Download/News/1101209%E8%80%81%E8%88%8A%E5%85%AC%E5%AF%93%E5%A4%A7%E5%BB%88%E5%85%AC%E5%85%B1%E5%AE%89%E5%85%A8%E3%80%81%E6%B6%88%E9%98%B2%E5%AE%89%E5%85%A8%E4%B9%8B%E6%8C%91%E6%88%B0%E8%88%87%E6%94%B9%E5%96%84%E7%AD%96%E7%95%A5.pdf

課題 5.1.3

確保弱電設施正常安全運作

弱電設施應做好防雷、防干擾防護

機電公司在「確保弱電設施正常安全運作」有哪些責任呢？

小叮嚀：基本上機電公司針對「確保弱電設施正常安全運作」的責任，為聘用具有弱電相關專業證照人員進行弱電設施維護，以便能安全正確地為社區完成弱電設施維護保養服務。當然做好弱電設備的防潮、防塵與防腐防護以及做好弱電設備的防雷、防干擾防護也都是機電公司的責任。

弱電系統[57]主要用於傳送電子訊息，如電視信號工程、網路及通訊工

[57] 弱電的特性爲電壓低、電流小、功率小、頻率高的特性，有別於強電，在交流電爲36V、直流電壓以24V爲分界，以上爲強電，以下爲弱電。弱電的傳輸方式較強電多元。弱電傳輸可分爲有線與無線2種，有線是藉由電線、無線則是透過電磁波，包含WiFi、藍芽等傳遞途徑。

程、廣播音訊工程、消防警報訊息、安全監控工程等，弱電系統提供電子裝置運作所需的電力，是建築工程及室內裝修不可或缺的一環，尤其近年來智慧建築的興起，弱電系統更是扮演重要的角色。智慧建築的弱電系統一般包括以下幾個分系統：樓宇自動化管理分系統（BAS）、消防自動報警分系統（FAS）、保全監控分系統（CCTV）、衛星接收及有線電視分系統（CATV）、地下停車場管理分系統（CPS）、公共廣播及緊急廣播分系統（PAS）、程控交換機分系統（PABX）、結構化綜合布線系統（PDS）。智慧型建築各個弱電系統爲大樓提供了各類機電設備的監控管理，爲社區大樓用戶創造了安全、健康、舒適宜人的智慧化生活環境且能提高工作效率的辦公基礎設施[58]。

機電公司針對「確保弱電設施正常安全運作」的責任爲：(1) 聘用具有弱電相關專業證照人員進行弱電設施維護，以便能安全正確地爲社區完成弱電設施維護服務；(2) 做好弱電設備的防潮、防塵與防腐防護；(3) 做好弱電設備的防雷、防干擾防護，茲說明內容如下：

一、聘用具有弱電相關專業證照人員進行弱電設施維護

弱電設施維護是非常專業的工作，而且相關作業項目涉及整體社區的通訊、資安、保全、消防等安全系統的正常運作，所以現場作業人員應經專業培訓並取得弱電相關證照方能擔任弱電設施維護工作，從事弱電設施維護相關證照整理如下表所示。

[58] 資料來源：https://www.newton.com.tw/wiki/%E5%BC%B1%E9%9B%BB

弱電設施維護相關證照一覽表

級別	證照名稱
甲級、乙級、丙級	通信技術（電信線路）技術士
乙級、丙級	網路架設技術士
甲級、乙級	數位電子技術士
甲級、乙級、丙級	視聽電子技術士
甲級、乙級、丙級	室內配線技術士
-	高級電信工程人員

上表中與社區弱電安全設施維護有最直接關聯的證照有：「通信技術（電信線路）技術士」、「網路架設技術士」、「數位電子技術士」、「視聽電子技術士」以及「高級電信工程人員」，分別說明如下。

1. 通信技術（電信線路）技術士證照：技能檢定規範分爲甲、乙、丙三級，各級之檢定目標，分別定位如下：甲級工作範圍：係從事第一類電信事業之電信設備互連，及第一類電信事業交換機房總配線設備至用戶終端設備間之電信線路工程規劃設計與施工維護之管理；乙級工作範圍：從事各種電信線路及其終端設備之檢修、調整、安裝、及應用電路裝配；丙級工作範圍：從事各種電信線路及其終端設備之架設、安裝、及簡易維修等工作[59]。所以在社區從事弱電系統維護保養或修繕的工作人員應至少具有丙級「通信技術（電信線路）技術士」證照。
2. 網路架設技術士證照：技能檢定規範分爲乙、丙二級，各級之檢定目

59 資料來源：https://ws.wda.gov.tw/Download.ashx?u=LzAwMS9VcGxvYWQvMzE1L1JlbEZpbGUvMTAyMzkvOTkwMzkvMjAxOTA1MzAxNDUwNTQwLnBkZg%3D%3D&n=MTU2MDDpgJrkv6HmioDooZMo6Zu75L%2Bh57ea6LevKeimj%2BevhC5wZGY%3D

標，分別定位如下：乙級工作範圍：除需具備丙級技能外，並需具備多功能伺服器的網站架設與應用、通訊協定的設定與應用及網路規劃與管理的能力；丙級工作範圍：需具備從事網路布線、網路元件安裝及網路應用軟體操作的能力[60]。所以在社區從事弱電系統維護保養或修繕的工作人員應至少具有丙級「網路架設技術士」證照。

3. 數位電子技術士證照：技能檢定規範分為甲、乙二級，各級之檢定目標，分別定位如下：甲級工作範圍：數位電子系統裝置之組裝、測試、檢修、改善及撰寫報告；乙級工作範圍：(1) 數位電子單元裝置之組裝、量測、調整及維修；(2) 數位電子裝置之拆卸、組合、操作及維修[61]。所以在社區從事弱電系統維護保養或修繕的工作人員應至少具有乙級「數位電子技術士」證照。
4. 視聽電子技術士證照：技能檢定規範分為甲、乙、丙三級，各級之檢定目標，分別定位如下：甲級工作範圍：能從事音響器材、電視機、顯示器、影音光碟機之故障檢修與調整和 CATV、衛星傳播接收之規劃、架設、測試與儀表使用及應用電路設計和裝配測試；乙級工作範圍：包括各種音響器材、電視機、顯示器及有線電視系統之檢修、調整及應用電路裝配；丙級工作範圍：能從事音響器材、收錄音機之簡易故障檢修、儀表使用及應用電路裝配[62]。所以在社區從事弱電系統維護保養或修繕

[60] 資料來源：https://ws.wda.gov.tw/Download.ashx?u=LzAwMS9VcGxvYWQvMzE1L1JlbEZpbGUvMTAyMzkvOTkwNTkvMjAxOTA1MzAxNDU5MTYwLnBkZg%3D%3D&n=MTcyMDDntrLot6%2FmnrboqK0ucGRm

[61] 資料來源：https://ws.wda.gov.tw/Download.ashx?u=LzAwMS9VcGxvYWQvMzE1L1JlbEZpbGUvMTAyMzkvOTkwNDQvMjAxOTA1MzAxNDM0MDUwLnBkZg%3D%3D&n=MTE3MDDmlbjkvY3pm7vlrZDopo%2Fnr4QucGRm

[62] 資料來源：https://ws.wda.gov.tw/Download.ashx?u=LzAwMS9VcGxvYWQvMzE1L1Jlb

的工作人員應至少具有丙級「視聽電子技術士」證照。

5. 高級電信工程人員證照：高級電信工程人員證照爲國家通訊傳播委員會所核發證照，其工作範圍：係負責及監督電信事業電信設備之施工、維護及運用[63]。所以在社區從事弱電系統維護保養或修繕的工作人員應若具有「高級電信工程人員」證照更可提升其維護品質。

二、做好弱電設備的防潮、防塵與防腐防護

對於弱電系統的各種設施而言，由於大多數設備直接暴露於風吹日曬雨淋或有灰塵的環境中，經年累月對設備的正常運行會產生一定的影響，所以需要重點做好防潮、防塵、防腐的維護工作。例如監控攝影機長期懸掛於外牆或電線桿上，防護罩及防塵玻璃上會很快被蒙上一層灰塵、碳灰等的混合物，又髒又黑，還具有腐蝕性，嚴重影響影像效果，也給設備帶來損壞，因此必須做好攝像機的防塵、防腐維護工作。又如下圖中在某些濕氣較重的地方，則必須在維護過程中就安裝位置、設備的防護進行調整以提高設備本身的防潮能力，同時對高濕度地帶要經常採取除濕措施來解決防潮問題。所以機電公司應做好弱電設備的防潮、防塵與防腐防護，以維護社區弱電設施的正常運作。

EZpbGUvMTAyMzkvOTkwNjMvMjAxOTA1MzAxNDA4NDAwLnBkZg%3D%3D&n=MDI5MDDoppbogb3pm7vlrZDopo%2Fnr4QucGRm

63 資料來源：https://www.1111edu.com.tw/licence_content.php?autono=733

監控攝影機懸掛於外牆潮濕汙損示意圖

三、做好弱電設備的防雷、防干擾防護

對於弱電系統的各種設施而言，最怕的是雷雨天氣造成設備遭雷擊，往往會給弱電設備正常的運行造成很大的安全隱患及設備故障，因此，弱電設備在維護過程中必須對防雷問題高度重視，尤其台灣每年夏天都會有典型的熱雷雨氣候，雷電交加時有所聞，因此必須做好弱電設備的防雷、防干擾防護，例如可以加裝電器防雷擊保護開關（如下圖防雷擊保護開關照片）或是防雷擊抗突波電源延長線（如下圖防雷擊抗突波電源延長線照片），協助電子設備或電器防雷擊抗突波，防止雷電或突波導致電子設備損壞、爆炸、燃燒造成弱電系統故障。所以社區若是沒有建置避雷針等防雷設備時，機電公司應協助做好弱電設備相關的防雷、防干擾防護，以維護社區弱電設施的正常運作。

三相專用防雷器　浪湧保護器

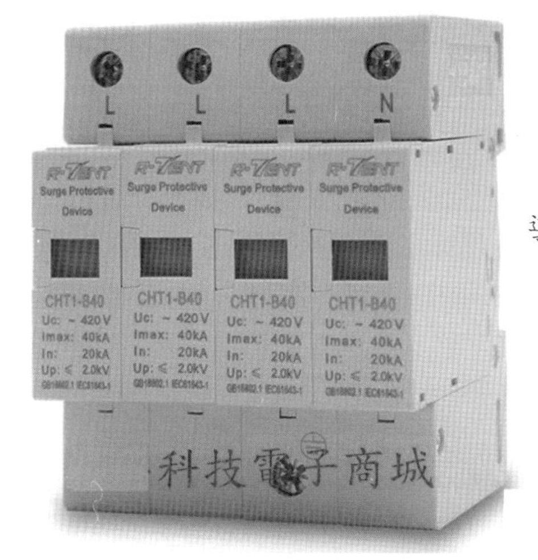

0.001 秒
響應防雷
導軌式安裝
交流專用
三相電
0-420V

防雷擊保護開關照片

防雷擊抗突波電源延長線照片

課題 5.1.4

確保維護保養施工安全

預防施工中漏電以確保維護保養施工安全

機電公司在「確保維護保養施工安全」有哪些責任呢？

小叮嚀：基本上機電公司在「確保維護保養施工安全」管理服務最重要的是預防施工中漏電並落實施工中斷電以及戴上絕緣手套以預防施工人員意外觸電身亡。當然落實密閉空間施工前送風，以預防施工人員沼氣中毒身亡或沼氣引起爆炸，都是機電公司的責任。

機電公司針對「確保維護保養施工安全」的責任爲：(1) 預防施工中漏電；(2) 預防密閉空間沼氣引起爆炸或中毒，茲說明內容如下：

一、預防施工中漏電

施工中漏電往往造成重大人命傷亡，茲列舉以下實例：

實例 (1)：工人換燈管沒戴絕緣手套遭 220 伏特電擊身亡。2021 年 9 月 28 日台中發生工人換燈管卻被電死的意外！當時這名 26 歲的莊姓工人，在烏日一棟住宅大樓的地下室停車場，正要更換燈管，卻觸碰到 220 伏特電壓，當場失去呼吸心跳，雖然緊急被送醫，搶救一個小時仍然沒救回來[64]。本案例在勞檢處稽查後，認為工人作業時，沒有依照規定斷電，也沒有戴上絕緣手套，機電公司有疏失，故會對施工單位開罰新台幣 3 萬元以上 30 萬元以下的罰鍰，所以機電公司應記取本案例之經驗教訓，落實施工中斷電以及戴上絕緣手套以預防施工人員意外觸電身亡。

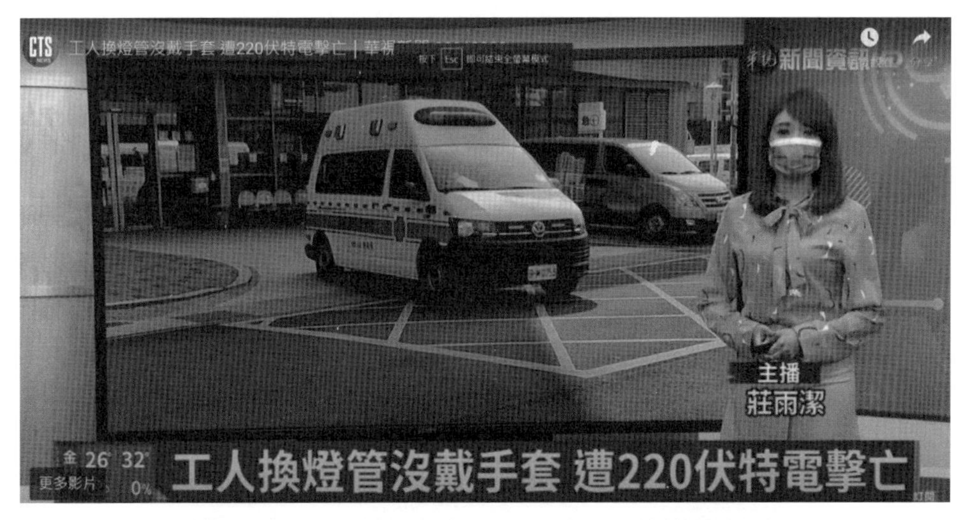

新聞報導工人換燈管沒戴絕緣手套遭 220 伏特電擊身亡

資料來源：華視新聞[65]

---

[64] 資料來源：https://news.cts.com.tw/cts/society/202109/202109292057459.html

[65] 資料來源：https://news.cts.com.tw/cts/society/202109/202109292057459.html

實例 (2)：社區避雷針上的航空警示燈掉落漏電電死洗水塔工人。2006 年 12 月 11 日台北縣新莊市中平路某公寓大廈進行水塔清洗作業，發生清潔工人遭電擊死亡意外，35 歲男子陳建基誤觸帶電避雷針，高聲呼救後昏厥，警消獲報通知台電斷電，將傷者送往署立台北醫院急救不治，台電表示，避雷針上的航空警示燈掉落未斷電，帶電避雷針彷彿巨型「電擊棒」[66]。本案例在台電稽查後，台電人員表示，避雷針並不帶電，死者遭電擊致死，主因是避雷針上的航空警示燈掉落未斷電，由於航空警示燈使用室內電源，電線在戶外，依規定要加裝漏電斷路器，只要民眾誤觸遭電擊，即刻斷電，預防發生重大傷亡，但命案現場並無發現類似裝置，所以機電公司應記取本案例之經驗教訓，落實戶外裝置加裝漏電斷路器以預防施工人員意外觸電身亡。

新聞報導避雷針漏電導致水塔清潔工活活電死

資料來源：TVBS 新聞[67]

66 資料來源：https://news.ltn.com.tw/news/society/paper/106386

67 資料來源：https://news.tvbs.com.tw/local/341544

二、預防密閉空間沼氣引起爆炸或中毒

密閉空間沼氣累積過多往往引起爆炸或中毒造成重大人命傷亡，茲列舉以下實例：

實例 (1)：高雄國宅 3 工人受困蓄水池硫化氫中毒不治。2018 年 5 月 7 日有 3 名水電工到高雄市苓雅區某大樓修理汙水管線時失蹤，消防員據報趕到時，連請求管理員協助報案的工人也都失蹤，經過一番搜索，在地下 2 樓的汙水池內找到 3 名工人倒臥在汙水池內，現場硫化氫濃度飆破正常值的 5 倍。3 人救出時已無生命跡象，送醫搶救 1 個多小時後仍不治死亡[68]。本案例在高雄市勞檢處調查後，發現該大樓汙水管破裂，找來這家機電行維修，現場無通風設備，未料工人到場未依標準作業程序，沒有先檢測有無毒氣、排氣，也未配戴安全面罩，就貿然進行作業，導致硫化氫中毒釀禍。勞檢處現場測得 52ppm 濃度的硫化氫，已經嚴重超標 5 倍，一般而言人體可忍受上限爲 10ppm，初步檢視，現場沒設通風設備恐爲意外主因，詳細情形還需進一步調查。勞檢人員指，硫化氫聞起來像臭水溝的味道，具極毒性。業者違反職業衛生安全法第 6 條第 1 項，可罰 3 至 30 萬元。所以機電公司應記取本案例之經驗教訓，落實密閉空間施工前送風以預防施工人員沼氣中毒身亡。

68 資料來源：https://www.chinatimes.com/realtimenews/20180507003136-260402?chdtv

消防員救出沼氣中毒的水電工人施以 CPR 搶救照片

資料來源：中時新聞網[69]

實例 (2)：新北市某社區化糞池氣爆炸壞住戶汽車：2017 年 9 月間新北市某社區顏姓住戶的 MAZDA 汽車，因社區地下室化糞池沼氣氣爆受損，顏某提訴要求賠償。顏某認爲，氣爆發生前半年，住戶就已聞到濃濃瓦斯味，反映請求改善，管委會卻請人拿抹布塞住兩個孔，致汙水槽內部累積沼氣。法官判定，該社區地下室抽排風設備效果欠佳，卻遲未修繕，致沼氣累積瀰漫，非 1、2 天造成，該管委會難辭其咎，王男施工時雖有進行氣體濃度偵測，但未依規定實施現場抽排氣安全措施，也有過失，消防公司則是王男雇用人應一起負責，判賠 40 萬餘元[70]。所以機電公司應記取本案例之經驗教訓，落實密閉空間施工前送風以預防化糞池沼氣爆炸造成地下室汽車受損。

---

69 資料來源：https://www.chinatimes.com/realtimenews/20180507003136-260402?chdtv

70 資料來源：https://news.ltn.com.tw/news/society/breakingnews/2753601

高雄鳳山某大樓地下室停車場化糞池沼氣發生爆炸照片

資料來源：TVBS 新聞網[71]

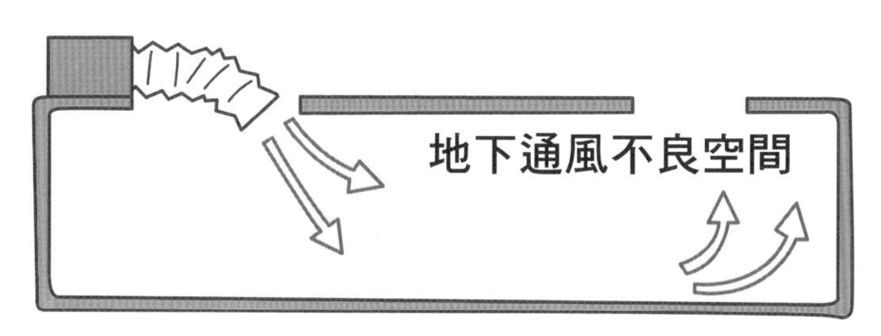

圖：有一個以上開口時應安排進氣出氣有適當流線減少死角

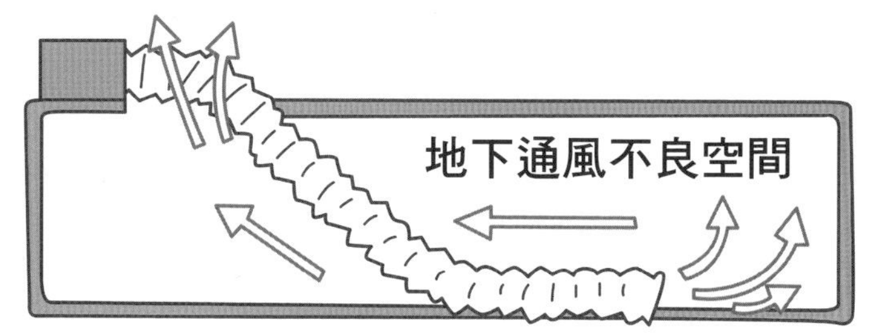

圖：有一個開口之場所應將管線至末端減少死角

密閉空間施工前送風示意圖

71 資料來源：https://news.tvbs.com.tw/local/1212009

課題 5.2 機電消防設施維護保養與修繕

建築物公共安全檢查申報與消防安全設備檢修是機電公司重要的維護保養責任

機電公司的機電消防設施維護保養與修繕有哪些責任呢？

小叮嚀：基本上機電公司的機電設施維護保養與修繕之責任最重要的是協助做好「建築物公共安全檢查申報」檢查項目維護保養以及做好「消防安全設備檢修及申報」檢查項目維護保養以確保建築物之公共與消防安全設施皆能正常運作且合乎法令要求。

機電公司針對「機電消防設施維護保養與修繕」的責任爲：(1) 做好「建築物公共安全檢查申報」檢查項目維護保養；(2) 做好「消防安全設備檢修及申報」檢查項目維護保養以確保建築物之電梯、逃生設備、發電機、消防設施及警報設備等與公共及消防安全之設施皆能正常運作且合乎法令要求，茲說明內容如下：

課題 5.2.1

做好「建築物公共安全檢查申報」檢查項目維護保養

社區大樓應取得建築物公共安全檢查申報合格標章，以確保住的安全

機電公司在做好「建築物公共安全檢查申報」檢查項目維護保養有哪些責任呢？

小叮嚀：基本上機電公司在做好「建築物公共安全檢查申報」檢查項目維護保養服務最重要的是確保電梯具備昇降設備使用許可證且未逾期，以便能符合「建築物公共安全檢查申報」且落實住戶搭乘電梯安全。當然確保避雷設備正常運作以及確保緊急供電系統正常運作都是機電公司做好「建築物公共安全檢查申報」檢查項目維護保養的重要責任。

所謂「建築物公共安全檢查簽證及申報」，係指依據建築法第 77 條第 3 項規定，凡供公眾使用建築物或經內政部指定之非公眾使用建築物者，其建築物所有權人、使用人應就其建築物之構造及設備安全，定期委託中央主管建築機關（即內政部）認可的「專業機構」或「專業檢查人員」辦理檢查簽證，並將檢查簽證結果向當地主管建築機關申報。以住宅類社區大樓而言，若建築物的規模爲 11 層以上未達 16 層且建築物高度未達 50 公尺依法爲每 3 年申報 1 次；若建築物的規模爲 16 層以上或建築物高度在 50 公尺以上依法爲每 2 年申報 1 次，建築物公共安全檢查、簽證、申報流程表如下圖所示。

建築物公共安全檢查簽證項目表如下表所示，其中針對「集合住宅」使用之建築物，依規定必須辦理之建築物公共安全檢查項目爲：(1) 直通樓梯、(2) 安全梯、(3) 避難層出入口、(4) 昇降設備、(5) 避雷設備及 (6) 緊急供電系統等六項。

所以機電公司針對做好「建築物公共安全檢查申報」檢查項目維護保養的責任爲：(1) 確認直通樓梯或安全梯未被封閉或拆除，並符合法令要求；(2) 確認避難層出入口符合法令要求；(3) 確保電梯具備昇降設備使用許可證且未逾期；(4) 確保避雷設備正常運作；(5) 確保緊急供電系統正常運作，茲說明內容如下：

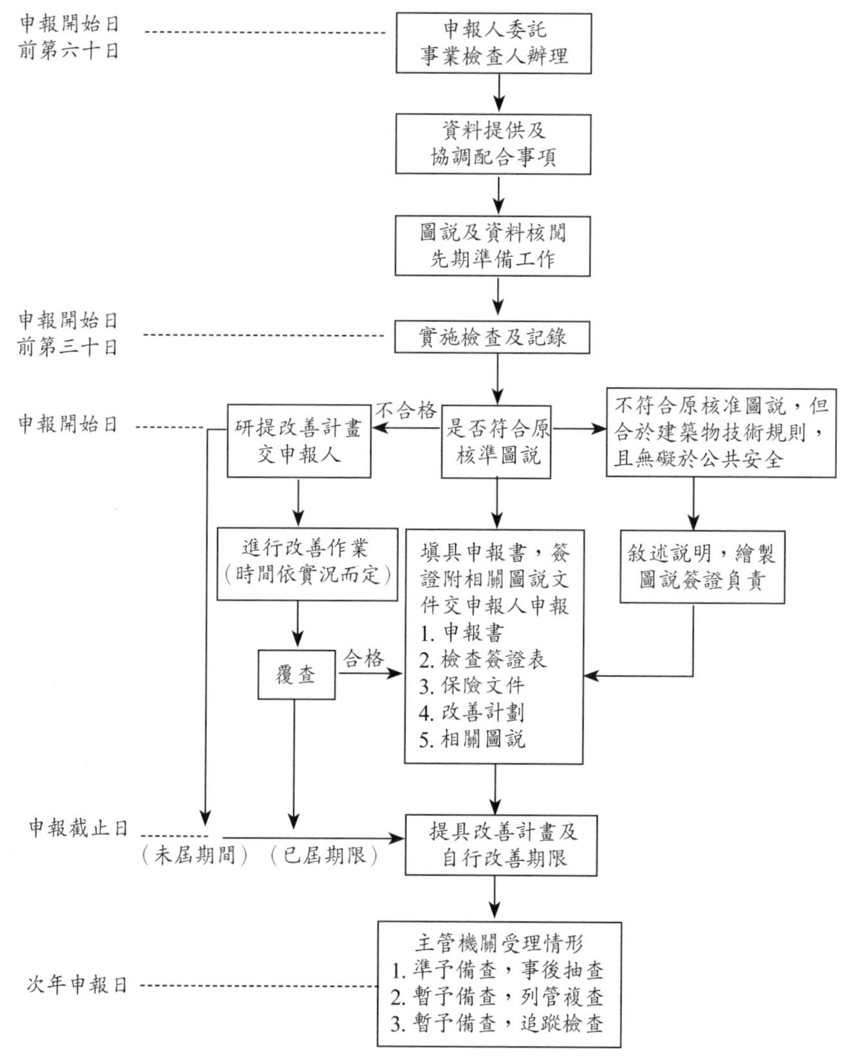

建築物公共安全檢查、簽證、申報流程表

資料來源：徐源德，《建築物公共安全檢查簽證及申報制度》[72]

[72] 資料來源：http://cbls.tokyonet.com.tw/LMSCourse/CourseContent/Course4901/08%E5%BB%BA%E7%AF%89%E7%89%A9%E5%85%AC%E5%85%B1%E5%AE%89%E5%85%A8%E6%AA%A2%E6%9F%A5%E7%B0%BD%E8%AD%89%E5%8F%8A%E7%94%B3%E5%A0%B1%E5%88%B6%E5%BA%A6.PDF

建築物公共安全檢查簽證項目表

項次	檢查項目	備註
防火避難設施類	1. 防火區劃	一、辦理建築物公共安全檢查之各檢查項目，應按實際現況用途檢查簽證及申報。 二、供 H-2 組別「集合住宅」使用之建築物，依本表規定之檢查項目爲直通樓梯、安全梯、避難層出入口、昇降設備、避雷設備及緊急供電系統等六項。
	2. 非防火區劃分間牆	
	3. 內部裝修材料	
	4. 避難層出入口	
	5. 避難層以外樓層出入口	
	6. 走廊（室內通路）	
	7. 直通樓梯	
	8. 安全梯	
	9. 屋頂避難平台	
	10. 緊急進口	
設備安全類	1. 昇降設備	
	2. 避雷設備	
	3. 緊急供電系統	
	4. 特殊供電	
	5. 空調風管	
	6. 燃氣設備	

資料來源：台北市政府，《處建築物公共安全檢查簽證及申報指導手冊》

一、確認直通樓梯或安全梯未被封閉或拆除並符合法令要求

根據建築技術規則建築設計施工編第 1 條第 39 款規定「直通樓梯」定義爲：建築物地面以上或以下任一樓層可直接通達避難層或地面之樓梯（包括坡道）。而「安全梯」係屬直通樓梯之一種，法規所稱之應設置「安

全梯」者，係指設置「室內安全梯」或「戶外安全梯」。「安全梯」之樓梯間應為獨立之防火區劃，而直通樓梯則無。

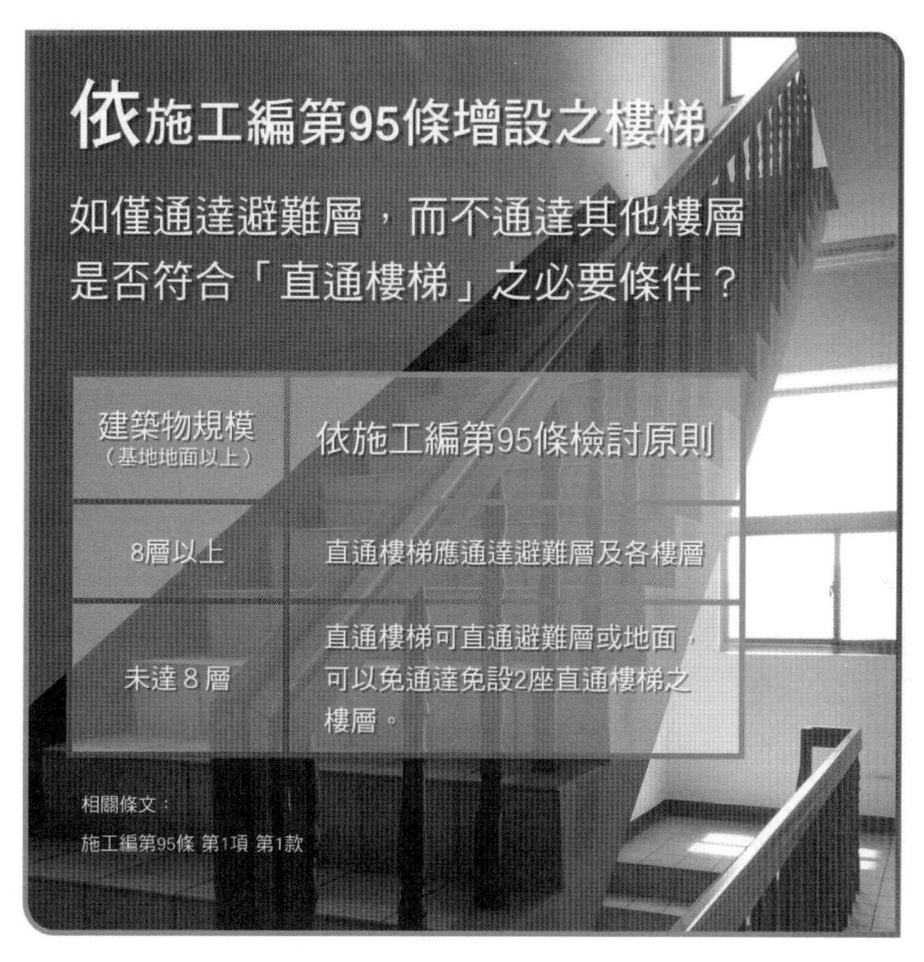

直通樓梯照片

資料來源：水星防火工程顧問[73]

73 資料來源：https://www.facebook.com/www.mercuryfire.com.tw/photos/a.1420793091474725/2811766409044046/?type=3

依據台北市建築管理工程處使用科胡煌堯股長分享建築物公共安全檢查申報複查法令及常見缺失演講中針對直通樓梯或安全梯的常見缺失爲：(1) 樓梯被封閉導致座數不足；(2) 樓梯採易燃材裝修；(3) 樓梯拆除或擅自增設；(4) 樓梯堆置雜物；(5) 樓梯或平台、或迴轉半徑寬度不足；(6) 未依規定設置 2 座直通樓梯；(7) 安全梯設門檻；(8) 安全梯未防火區劃或裝防火門；(9) 安全梯未裝設防火門或損壞；(10) 安全梯構造或裝修材不符；(11) 常閉式防火門未有自動關閉裝置[74]，因此機電公司應針對上列常見缺失預防之。

二、確認避難層出入口符合法令要求

依據建築技術規則建築設計施工編第 1 條第 14 項規定避難層之定義爲：具有出入口通達基地地面或道路之樓層。所以避難層不一定是一樓，也不一定只有一個樓層，凡有出入口可供通達建築物基地層、建築物外部或通達另一棟建築物的那一層，就是避難層，而當層的出入口就叫「避難層出入口」。

74 資料來源：http://www.tapsb.org.tw/webfiles/5d1fbb3c-0c0b-4a3b-bc6c-3d8fe01434f3.pdf

避難層出入口照片

資料來源：隨意窩網站[75]

依據台北市建築管理工程處使用科胡煌堯股長分享建築物公共安全檢查申報複查法令及常見缺失演講中針對避難層出入口的常見缺失爲：(1) 避難層未依規定開設 2 處不同方向出入口；(2) 出入口寬度不足；(3)2 處不同出入口均應維持暢通及拍照；(4) 違建部分出入口認定爲避難層出入口（室內原外牆未拆除之出入口寬度不足）[76]，因此機電公司應針對上列常見缺失預防之。

[75] 資料來源：https://blog.xuite.net/su980712/twblog/183271388

[76] 資料來源：http://www.tapsb.org.tw/webfiles/5d1fbb3c-0c0b-4a3b-bc6c-3d8fe01434f3.pdf

三、確保電梯具備昇降設備使用許可證且未逾期

建築物昇降設備使用許可證就是電梯的身分證，一般會張貼在電梯車廂內（如下昇降設備使用許可證公告在電梯的照片）。管理人（指建築物的所有權人或使用人或經授權管理之人）要在許可證有效期限到期前二個月內，自行或是委託負責維護保養的專業廠商，向當地主管建築機關或委託的檢查機構申請安全檢查，以核發新的昇降設備使用許可證。依建築物昇降設備設置及檢查管理辦法第 5 條規定昇降設備安全檢查頻率，規定如下：(1) 昇降送貨機每三年一次。(2) 個人住宅用昇降機每三年一次。但建築物經竣工檢查合格達十五年者，每年一次。(3) 供五樓以下公寓大廈使用之昇降機每二年一次。但建築物經竣工檢查合格達十五年者，每年一次。(4) 前三款以外之昇降設備每年一次。但建築物經竣工檢查合格達十五年者，每半年一次。所以一般集合住宅大樓大多數是五樓以上，因此昇降設備要原則上要每年安全檢查一次，若是建築物經竣工檢查合格達十五年者，那就每半年安全檢查一次。管理人若未確實申請安全檢查，主管機關可處新臺幣三千元以上一萬五千元以下罰鍰，並限期改善或補辦手續，未改善者，得連續處罰。

昇降設備使用許可證公告在電梯的照片

資料來源：國霖機電網站[77]

---

[77] 資料來源：https://www.goingec.com.tw/news-inner.php?news_id=45

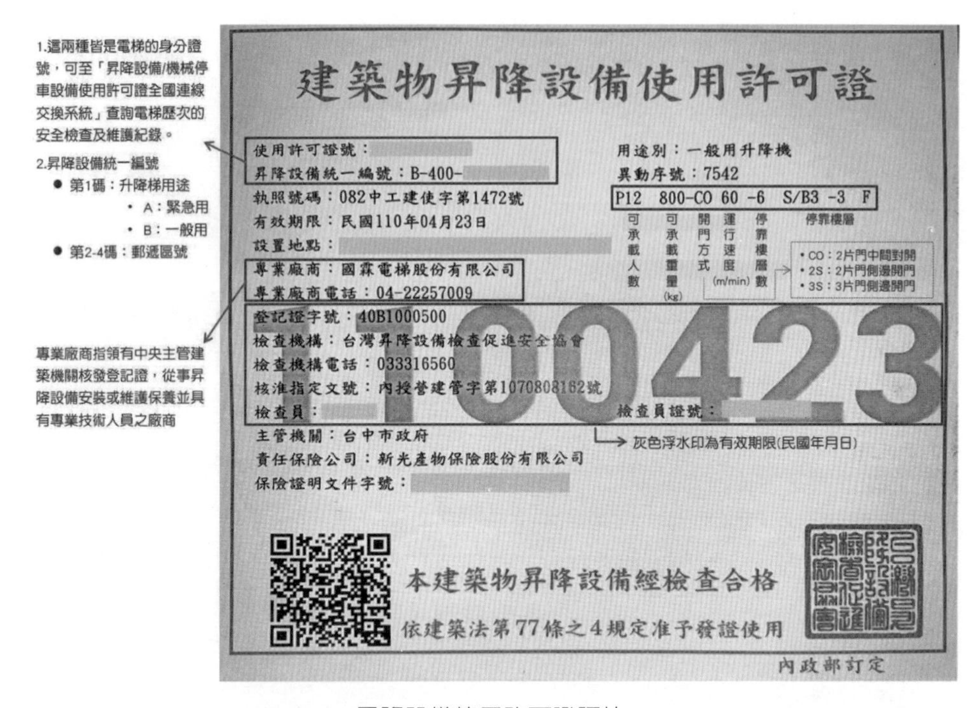
建築物昇降設備使用許可證

使用許可證號：
昇降設備統一編號：B-400-
執照號碼：082中工建使字第1472號
有效期限：民國110年04月23日
設置地點：
專業廠商：國霖電梯股份有限公司
專業廠商電話：04-22257009
用途別：一般用升降機
異動序號：7542
P12 800-CO 60 -6 S/B3 -3 F
登記證字號：40B1000500
檢查機構：台灣昇降設備檢查促進安全協會
檢查機構電話：033316560
核准指定文號：內授營建管字第1070808162號
檢查員：
檢查員證號：
主管機關：台中市政府
責任保險公司：新光產物保險股份有限公司
保險證明文件字號：
1100423
本建築物昇降設備經檢查合格
依建築法第77條之4規定准予發證使用
內政部訂定

昇降設備使用許可證照片

資料來源：國霖機電網站[78]

依據台北市建築管理工程處使用科胡煌堯股長分享建築物公共安全檢查申報複查法令及常見缺失演講中針對昇降設備的常見缺失為：(1) 電梯未領昇降設備使用許可證，卻申報合格；(2) 使用許可證逾期[79]，因此機電公司應針對上列常見缺失預防之。

四、確保避雷設備正常運作

依據建築技術規則建築設備編第一章第五節避雷設備第 20 條規定，

---

78 資料來源：https://www.goingec.com.tw/news-inner.php?news_id=45

79 資料來源：http://www.tapsb.org.tw/webfiles/5d1fbb3c-0c0b-4a3b-bc6c-3d8fe01434f3.pdf

下列建築物應有符合本節所規定之避雷設備：(1) 建築物高度在二十公尺以上者。(2) 建築物高度在三公尺以上並作危險物品倉庫使用者（火藥庫、可燃性液體倉庫、可燃性氣體倉庫等）。所以社區大樓建築物高度在二十公尺以上者就必須裝設避雷設備（如下圖所示）。

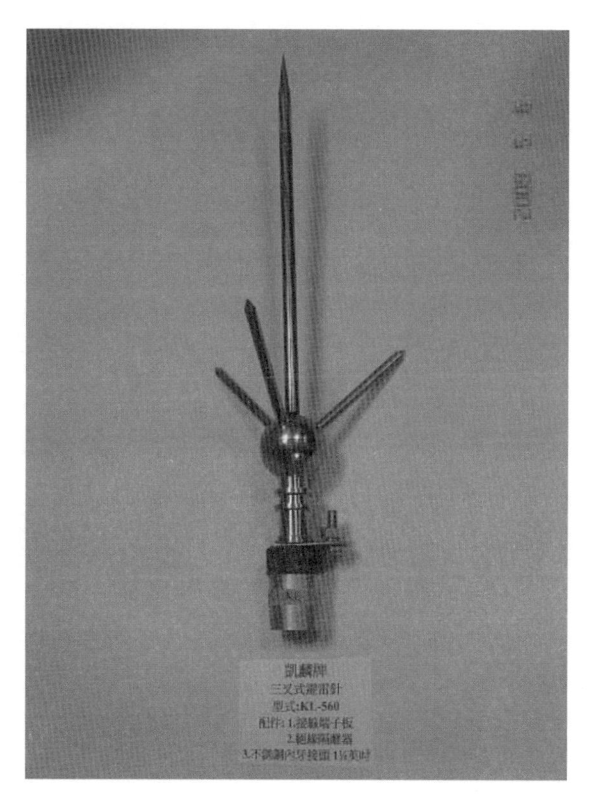

避雷針照片

資料來源：凱麟電機股份有限公司[80]

---

80 資料來源：http://php2.twinner.com.tw/site/product_detail/oem_2_pic-c/index.php?Product_SN=125555&PHPSESSID=ncazlhijbirfurhrtmxfduvjnjsiycil&Company_SN=19211&Product_Site_Classify_SN=33727

根據 IEC 62305、NFPA 780 等國際避雷標準，完整避雷保護方案彙整成六個保護重點（如下圖所示），分別是：(1) 將雷電攔截到最佳和已知的點。(2) 將雷電能量安全地傳送至大地。(3) 將雷電能量排放到低阻抗之接地系統。(4) 將所有接地連接以消除接地迴路和建立等電位面。(5) 保護進入室內之所有電力線路。(6) 保護低壓資訊／電信等控制信號線路[81]。

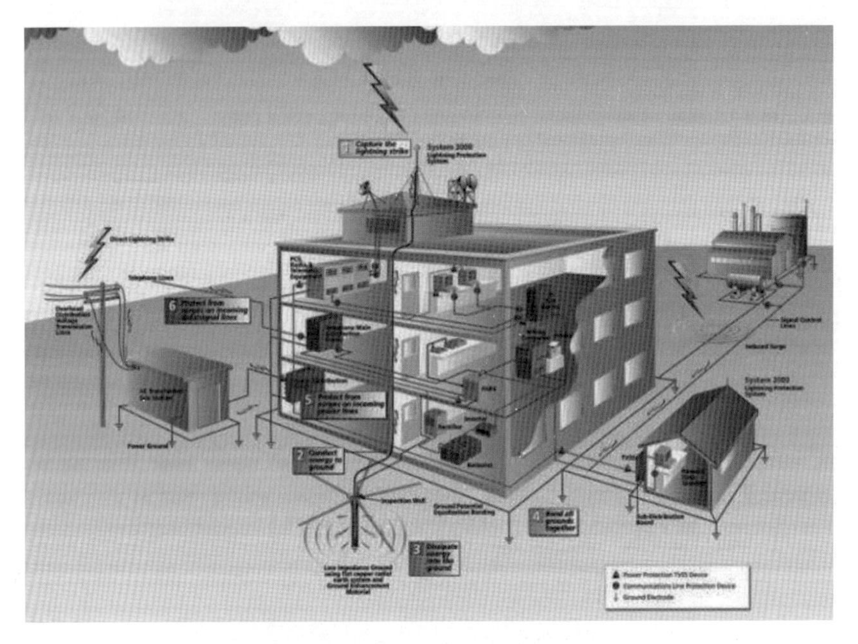

六個完整避雷保護方案重點示意圖

依據台北市建築管理工程處使用科胡煌堯股長分享建築物公共安全檢查申報複查法令及常見缺失演講中針對避雷設備的常見缺失為：(1) 避雷針折斷或已被移除；(2) 導線鏽蝕折斷[82]，因此機電公司應針對上列常見缺

81 資料來源：https://www.lightning.com.tw/?action=case&id=24

82 資料來源：http://www.tapsb.org.tw/webfiles/5d1fbb3c-0c0b-4a3b-bc6c-3d8fe01434f3.pdf

失預防之。另外實務上也曾經發生整個社區的避雷針導線，都被小偷剪掉了導致整個社區完全沒有防雷功能，或是在公設點交時沒有注意到避雷針並未落實接地導致沒有防雷功能，這些也都是機電公司應預防的缺失。

五、確保緊急供電系統正常運作

常見的緊急供電設備有發電機、不斷電系統（UPS）、電池，其中發電機需短暫時間來啟動，UPS 及電池系統則可以立即啟動供電。緊急發電機組屬自備電源供應站的一種類型，具有交流供電能力，是一種小型獨立的發電設備，一般以柴油引擎作動力來源，聯結交流同步發電機產生電力供使用。UPS 主要分為 3 種類型，有在線式、離線式，或在線互動式，主要在緊急斷電時，短時間內有緩衝期，供應電力短從 5-10 分鐘，長到 48 小時都有，不斷電電源系統的設計更精密，能使市電與電池或變流器之轉換時間更短，彌補發電機或其他緊急電源中斷時間過長之缺點，不斷電電源系統並不是停電時才會動作，如遇到電壓下陷（ Sags）、尖波（Spikes）、電壓突波（Surges）、雜訊干擾（Noise）、高（低）電壓暫態（Transients），足以影響設備正常運轉的電力品質問題時，不斷電電源系統均會自動穩壓濾除雜訊，提供給設備穩定且乾淨的電力能源，但由於 UPS 功能及價格較其他緊急供電設備高，故一般均用於保護重要或精密設備，例如電腦設備、監控儀器、消防設備及醫療儀器等（謝錦隆，儲電技術應用於消防安全緊急電源之探討[83]）。

所以在社區大樓一般常見的緊急供電系統多為柴油發電機。柴油發電機組由柴油引擎（Diesel engine），三相交流無刷同步發電機（AC brushless alternator）、控制箱（Control pannel）、散熱水箱

---

[83] 資料來源：https://km.twenergy.org.tw/

（Radiator）、燃油箱（Fuel oil tank）、消聲器（Silence）及公共底座（Base）等組成。柴油發電機組各組成元件中柴油引擎的最大功率受零件部的機械負荷和熱負荷的限制，因此，需規定各組成元件連續運轉（Continue rating）的最大功率，稱爲額定功率，交流同步發電機的額定功率是指在額定轉速下，長期連續運轉時，輸出的額定功率。（公共工程委員會，緊急供電設備工程品質管理實務[84]）

當停電發生時，大約經過 10-30 秒左右，大樓自動切換開關（A.T.S）會自動切換供電來源至發電機側，此時柴油發電機會馬上起動，所以停電時，大樓公設約 10-30 秒的斷電空窗期。

電池型的緊急供電系統

資料來源：大春電機[85]

---

[84] 資料來源：https://ws.pcc.gov.tw › oldupload › upload › article

[85] 資料來源：http://jademagnetics.com/battery-back-up-system-cht.html

依據台北市建築管理工程處使用科胡煌堯股長分享建築物公共安全檢查申報複查法令及常見缺失演講中，針對緊急供電系統設備的常見缺失為：(1)7 樓以上建築物或自動滅火設備場所之緊急供電系統未檢討；(2) 無緊急發電機或已被移除；(3) 發電機維護不良無法正常啟動[86]，因此機電公司應針對上列常見缺失預防之。另外，實務上發電機室常見之缺失為：(1) 熱與排煙之方向與路徑規劃不好；(2) 水路經由發電機室上面經過；(3) 基座防震與固定不良。這些也都是機電公司應預防的缺失。（公共工程委員會，緊急供電設備工程品質管理實務[87]）

86 資料來源：http://www.tapsb.org.tw/webfiles/5d1fbb3c-0c0b-4a3b-bc6c-3d8fe01434f3.pdf

87 資料來源：https://ws.pcc.gov.tw › oldupload › upload › article

課題 5.2.2

做好「消防安全設備檢修及申報」檢查項目維護保養

社區消防設備應於每年辦理消防安全設備檢修及申報並張貼檢修完成標示貼紙

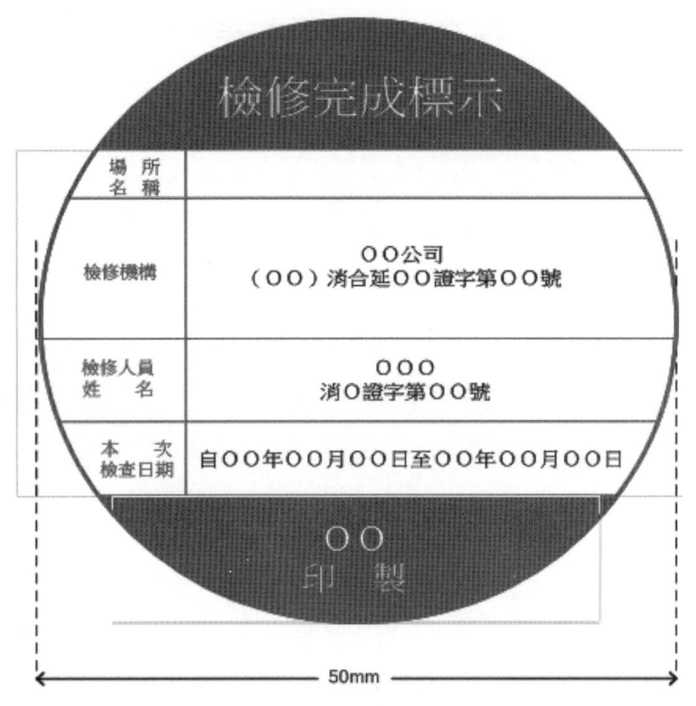

機電公司在做好「消防安全設備檢修及申報」檢查項目維護保養有哪些責任呢？

小叮嚀：基本上機電公司在做好「消防安全設備檢修及申報」檢查項目維護保養服務，最重要的是確保各類型滅火器之性能檢查應由專任消防設備士為之。當然性能檢查完成後之滅火器應依規定張貼標示、確保警報設備正常運作、確保避難逃生設備正常運作、確保消防搶救上必要之設備正常運作、防範消防安全設備檢查常見缺失發生都是機電公司做好「消防安全設備檢修及申報」檢查項目維護保養的重要責任。

所謂「消防安全設備檢修及申報」，係指依據依消防法第9條第2項規定而訂定之「消防安全設備檢修及申報辦法」作爲辦理「消防安全設備檢修及申報」之法源依據，依據「消防安全設備檢修及申報辦法」第7條規定：管理權人應塡具消防安全設備檢修申報表。而社區大樓之集合住宅屬於乙類場所依法爲每1年申報1次（各類場所辦理消防安全設備檢修申報期限表如下表所示），並且應於每年九月前完成申報，同時「消防安全設備檢修及申報辦法」第8條規定：依第六條第一項檢修完成之消防安全設備，檢修人員或檢修機構應依下圖（檢修完成標示樣式示意圖）規定樣式附加檢修完成標示。

受理消防安全設備檢修申報及複（檢）查流程圖如下圖（受理消防安全設備檢修申報及複（檢）查流程圖）所示。若沒有在期限完成消防檢修申報者，依消防法最高可處5萬元罰鍰。

各類場所辦理消防安全設備檢修申報期限表

各類場所用途分類			檢修期限（頻率）	申報備查期限
甲類	第1目	電影片映演場所（戲院、電影院）、歌廳、舞廳、夜總會、俱樂部、理容院（觀光理髮、視聽理容等）、指壓按摩場所、錄影節目帶播映場所（MTV等）、視聽歌唱場所（KTV等）、酒家、酒吧、酒店（廊）。	每半年一次	每年3月底及9月底前

<table>
<tr><th colspan="3">各類場所用途分類</th><th>檢修期限(頻率)</th><th>申報備查期限</th></tr>
<tr><td rowspan="6">甲類</td><td>第2目</td><td>保齡球館、撞球場、集會堂、健身休閒中心（含提供指壓、三溫暖等設施之美容瘦身場所）、室內螢幕式高爾夫練習場、遊藝場所、電子遊戲場、資訊休閒場所。</td><td rowspan="2"></td><td rowspan="2"></td></tr>
<tr><td>第3目</td><td>觀光旅館、飯店、旅館、招待所（限有寢室客房者）。</td></tr>
<tr><td>第4目</td><td>商場、市場、百貨商場、超級市場、零售市場、展覽場。</td><td rowspan="3">每半年一次</td><td rowspan="3">每年5月底及11月底前</td></tr>
<tr><td>第5目</td><td>餐廳、飲食店、咖啡廳、茶藝館。</td></tr>
<tr><td>第6目</td><td>醫院、療養院、榮譽國民之家、長期照顧服務機構（限機構住宿式、社區式之建築物使用類組非屬H-2之日間照顧、團體家屋及小規模多機能）、老人福利機構（限長期照護型、養護型、失智照顧型之長期照顧機構、安養機構）、兒童及少年福利機構（限托嬰中心、早期療育機構、有收容未滿二歲兒童之安置及教養機構）、護理機構（限一般護理之家、精度護理之家、產後護理機構），身心障礙福利機構（限供住宿養護、日間服務、臨時及短期照顧者）、身心障礙者職業訓練機構（限提供住宿成使用特殊機餐者）、啟明、啟智、啟聰等特殊學校。</td></tr>
</table>

各類場所用途分類			檢修期限（頻率）	申報備查期限
	第7目	三溫暖、公共浴室。		
乙類	第1目	車站、飛機場大廈、候船室。	每年一次	每年3月底前
	第2目	期貨經紀業、證券交易所、金融機構。		
	第3目	學校教室、兒童課後照顧服務中心、補習班、訓練班、K書中心、前款第六目以外之兒童及少年福利機構（限安置及教養機構）及身心障礙者職業訓練機構。		
乙類	第4目	圖書館、博物館、美術館、陳列館、史蹟資料館、紀念館及其他類似場所。	每年一次	每年5月底前
	第5目	寺廟、宗祠、教堂、供存放骨灰（骸）之納骨堂（塔）及其他類似場所。		
	第6目	辦公室、靶場、診所、長期照顧服務機構（限社區式之建築物使用類組屬H-2之日間照顧、團體家屋及小規模多機能）、日間型精神復健機構、兒童及少年心理輔導或家庭諮詢機構、身心障礙者就業服務機構、老人文康機構、前款第六目以外之老人福利機構及身心障礙福利機構。		
乙類	第7目	集合住宅、寄宿舍、住宿型精神復健機構。	每年一次	每年9月底前

各類場所用途分類			檢修期限(頻率)	申報備查期限
	第8目	體育館、活動中心。		
	第9目	室內溜冰場、室內游泳池。		
乙類	第10目	電影攝影場、電視播送場。	每年一次	每年11月底前
	第11目	倉庫、傢俱展示販售場。		
	第12目	幼兒園。		
丙類	第1目	電信機器室。	每年一次	每年5月底前
	第2目	汽車修護廠、飛機修理廠、飛機庫。		
	第3目	室內停車場、建築物依法附設之室內停車空間。		
丁類		高度、中度、低度危險工作場所。	每年一次	每年11月底前
戊類	第1目	複合用途建築物中，有供甲類用途者。	每半年一次	每年5月底及11月底前
	第2目	供第乙、丙、丁類用途之複合用途建築物。	每年一次	每年11月底前
其他場所或經中央主管機關公告之場所			每年一次	每年5月底前

備註：本表之用途分類係依「各類場所消防安全設備設置標準」第12條之規定。若有修正按修正後內容辦理。

資料來源：新竹市消防局官網[88]

[88] 資料來源：https://www.hcfd.gov.tw/files/download3/3-4.pdf

一、檢修機構專用樣式（本樣式以紅色爲底）：

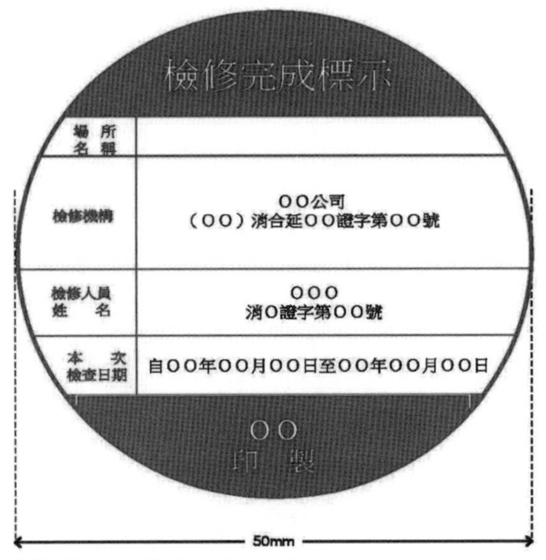

二、檢修人員專用樣式（本樣式以綠色爲底）：

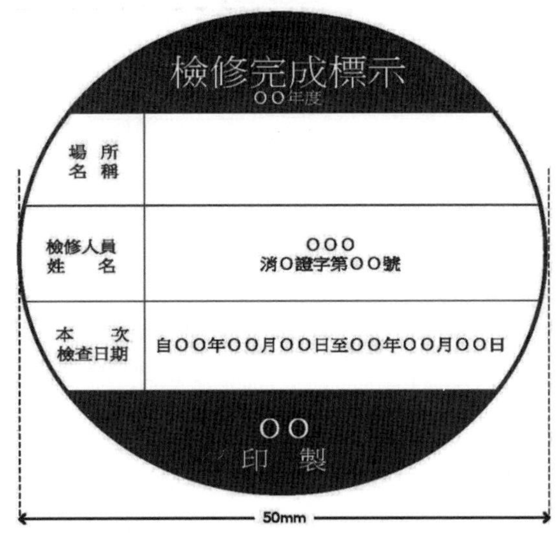

檢修完成標示樣式示意圖[89]

89 資料來源：https://law.moj.gov.tw/LawClass/LawSingle.aspx?pcode=D0120054&flno=8

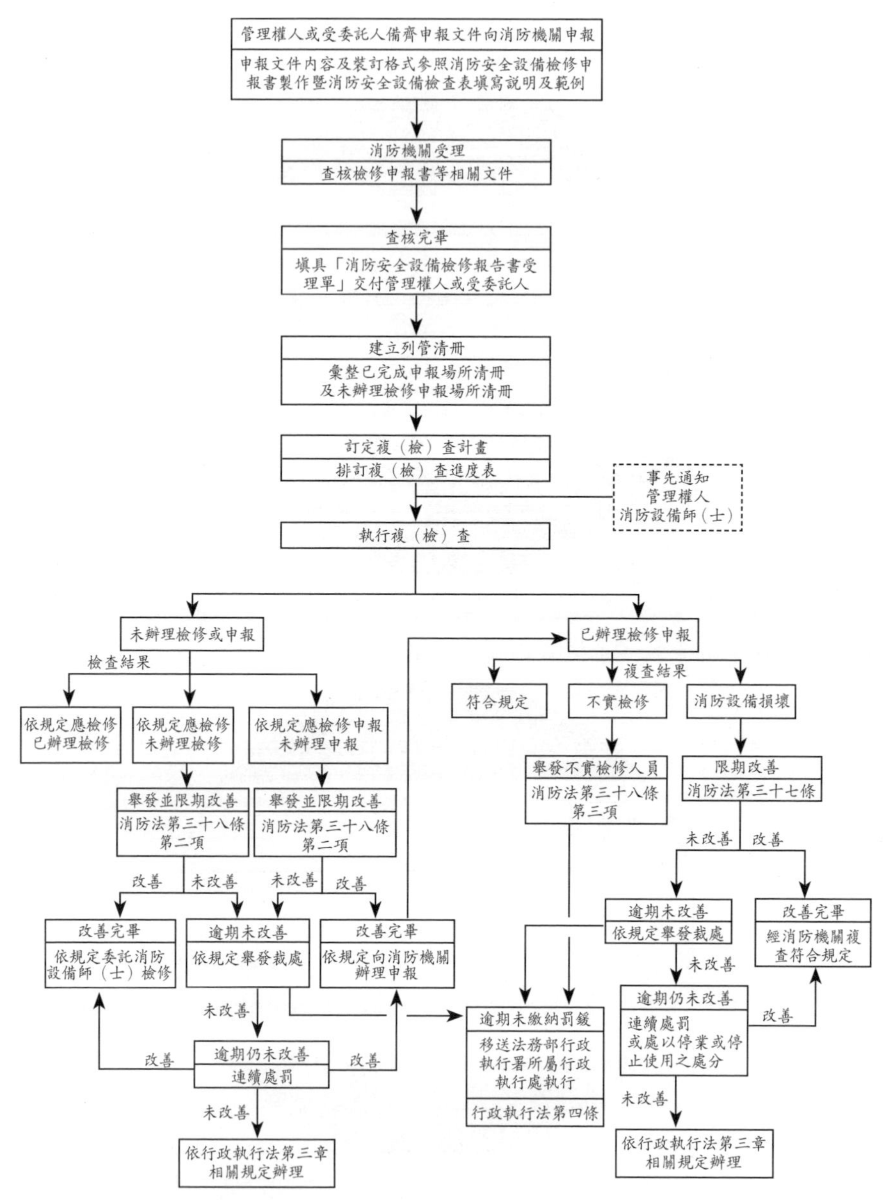

受理消防安全設備檢修申報及複（檢）查流程圖

資料來源：苗栗縣政府消防局全球資訊網[90]

---

90 資料來源：https://www.mlfd.gov.tw/prevent/pt08.aspx?infid=DS090416143718052564

依據「消防安全設備檢修及申報辦法」第 2 條規定：消防安全設備之檢修項目如下：(1) 滅火設備、(2) 警報設備、(3) 避難逃生設備、(4) 消防搶救上必要之設備、(5) 其他經中央主管機關認定之消防安全設備或必要檢修項目等五項[91]。同時內政部消防署訂定「消防安全設備及必要檢修項目檢修基準」（如下圖所示），並廢止「各類場所消防安全設備檢修及申報作業基準」，並於中華民國 109 年 8 月 21 日發文（發文字號：內授消字第 1090823174 號令）各相關單位。

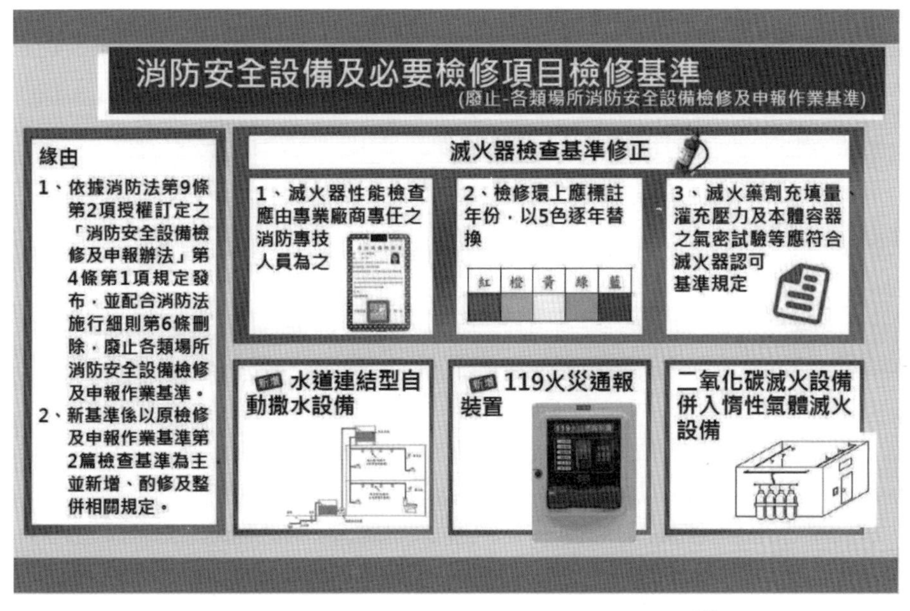

消防安全設備及必要檢修項目檢修基準示意圖[92]

---

[91] 資料來源：https://law.moj.gov.tw/LawClass/LawAll.aspx?pcode=D0120054

[92] 資料來源：https://www.nfa.gov.tw/cht/index.php?code=list&flag=detail&ids=23&article_id=8334

所以機電公司針對做好「消防安全設備檢修及申報」檢查項目維護保養的責任爲：(1) 確保各類型滅火器之性能檢查應由專任消防設備士爲之；(2) 性能檢查完成後之滅火器應依規定張貼標示；(3) 確保警報設備正常運作；(4) 確保避難逃生設備正常運作；(5) 確保消防搶救上必要之設備正常運作；(6) 防範消防安全設備檢查常見缺失發生，玆說明內容如下：

一、確保各類型滅火器之性能檢查應由專任消防設備士為之

根據「消防安全設備及必要檢修項目檢修基準」第一章滅火器之一般注意事項第六點規定：除二氧化碳及鹵化物滅火器之重量檢查或確認壓力指示計之指針位置等性能檢查外，各類型滅火器之性能檢查（包括檢查結果有不良狀況之處置措施，諸如藥劑更換充填、加壓用氣體容器之氣體充填），應由專業廠商專任之消防專技人員爲之。所以機電公司的責任爲確保各類型滅火器之性能檢查應由專任消防專技人員爲之，也就是各類型滅火器之性能檢查應由應由具備消防設備士或消防設備師證照的專任人員來負責檢查。

二、性能檢查完成後之滅火器應依規定張貼標示

根據「消防安全設備及必要檢修項目檢修基準」第一章滅火器之一般注意事項第八點規定：性能檢查完成後之滅火器應依下表格式（滅火器性能檢查及藥劑更換充填標示表）張貼標示，且該標示不得覆蓋、換貼或變更原新品出廠時之標示，並於滅火器瓶頸加裝檢修環，檢修環上應標註年份，材質以一體成型之硬質無縫塑膠、壓克力或鐵環製作，且尺寸以非經拆卸滅火器無法取出或直接以內徑不得大於滅火器瓶口 1mm 方式辦理，以顏色紅、橙、黃、綠、藍交替更換，自一百一十年度起開始使用紅色檢修環，後續依年度別依序採用橙色（一百一十一年度）、黃色

（一百一十二年度）、綠色（一百一十三年度）、藍色（一百一十四年度）之檢修環，依此類推，標準色系如下圖（檢修環與標準色系示意圖）所示。所以機電公司的責任爲確保性能檢查完成後之滅火器應依規定張貼標示。

滅火器性能檢查及藥劑更換充填標示表

<table>
<tr><td colspan="4">滅火器設置場所名稱</td></tr>
<tr><td colspan="4">場所地址</td></tr>
<tr><td colspan="2">廠商證書號碼</td><td colspan="2"></td></tr>
<tr><td colspan="2">消防專技人員姓名</td><td colspan="2">○○○（消○證字第　　號）</td></tr>
<tr><td colspan="4">地址：
電話：</td></tr>
<tr><td>品名</td><td colspan="3">□乾粉滅火器　□水滅火器
□二氧化碳滅火器　□機械泡沫滅火器
□強化液滅火器　□鹵化物滅火器</td></tr>
<tr><td>規格</td><td colspan="3">□ 5 型□ 10 型□ 20 型□其他</td></tr>
<tr><td>製造日期</td><td></td><td>流水編號</td><td></td></tr>
<tr><td colspan="2">性能檢查日期</td><td colspan="2">年　月　日</td></tr>
<tr><td rowspan="2">檢查情形</td><td colspan="3">□檢查合格（無需更換藥劑）
□更換藥劑後合格</td></tr>
<tr><td colspan="3">□水壓測試合格（10 年以上或無法辨識日期滅火器）</td></tr>
<tr><td colspan="2">下次性能檢查日期</td><td colspan="2">年　月　日</td></tr>
<tr><td colspan="2">委託服務廠商</td><td colspan="2">名稱：
電話：</td></tr>
</table>

16.2cm

11cm

紅	橙	黃	綠	藍

檢修環與標準色系示意圖

三、確保警報設備正常運作

根據「消防安全設備及必要檢修項目檢修基準」所規定之警報設備有：(1) 火警自動警報設備；(2) 緊急廣播設備；(3) 瓦斯漏氣火警自動警報設備；(4) 一一九火災通報裝置等四類如下圖所示。所以機電公司的責任爲確保各類型警報設備正常運作。

差動式探測器

壁掛式總機

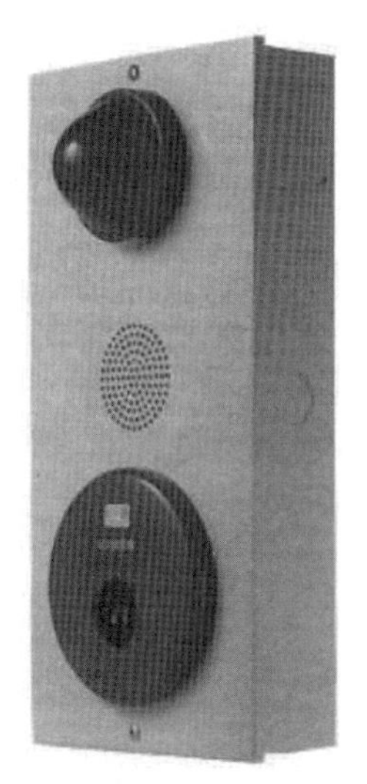

光電式偵煙探測器

火警綜合器

火警自動警報設備照片[93]

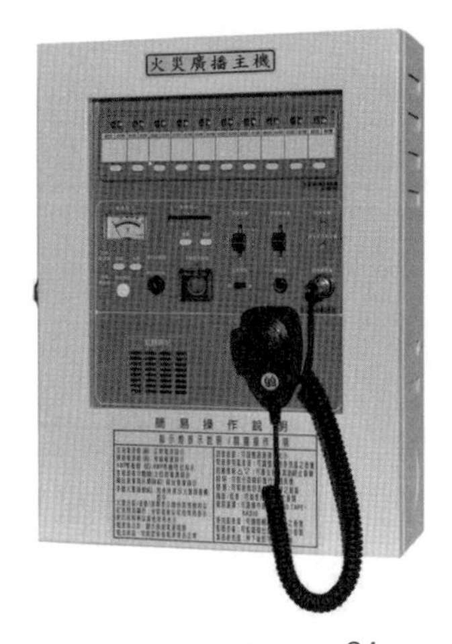

緊急廣播設備照片[94]

93 資料來源：https://www.web66.com.tw/web/SG?pageID=17690

94 資料來源：https://www.goldenw-dragon.com.tw/product-detail-424671.html

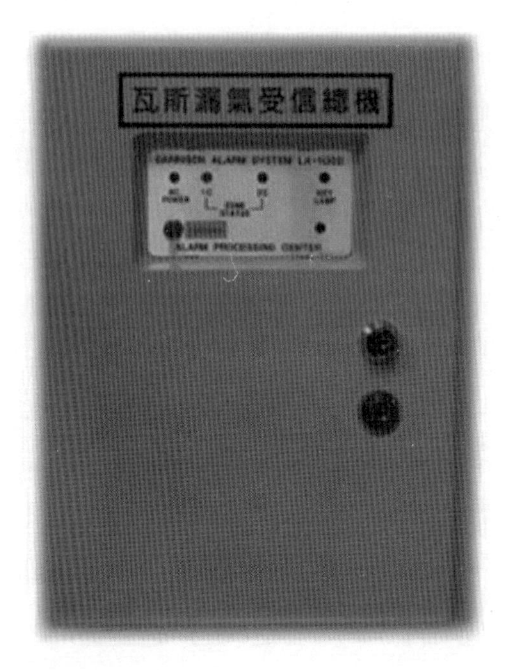

瓦斯漏氣火警自動警報設備照片[95]

95 資料來源：https://119safe.com.tw/zh-TW/albums/%E7%93%A6%E6%96%AF%E6%BC%8F%E6%B0%A3%E8%87%AA%E5%8B%95%E8%AD%A6%E5%A0%B1%E8%A8%AD%E5%82%99

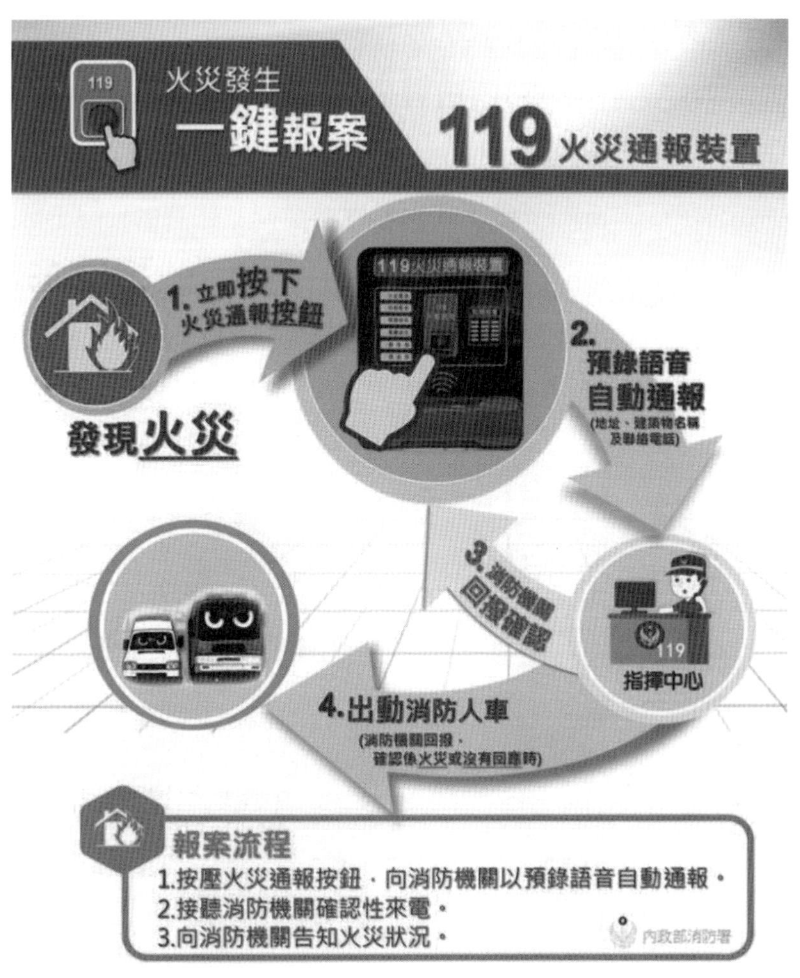

一一九火災通報裝置操作示意圖[96]

96 資料來源：https://m.facebook.com/NFA999/posts/1233385796828172

四、確保避難逃生設備正常運作

根據「消防安全設備及必要檢修項目檢修基準」所規定之避難逃生設備有：(1) 救助袋、(2) 緩降機、(3) 避難梯、(4) 滑台、(5) 避難橋等五類如下圖所示。所以機電公司的責任爲確保各類型避難逃生設備正常運作。

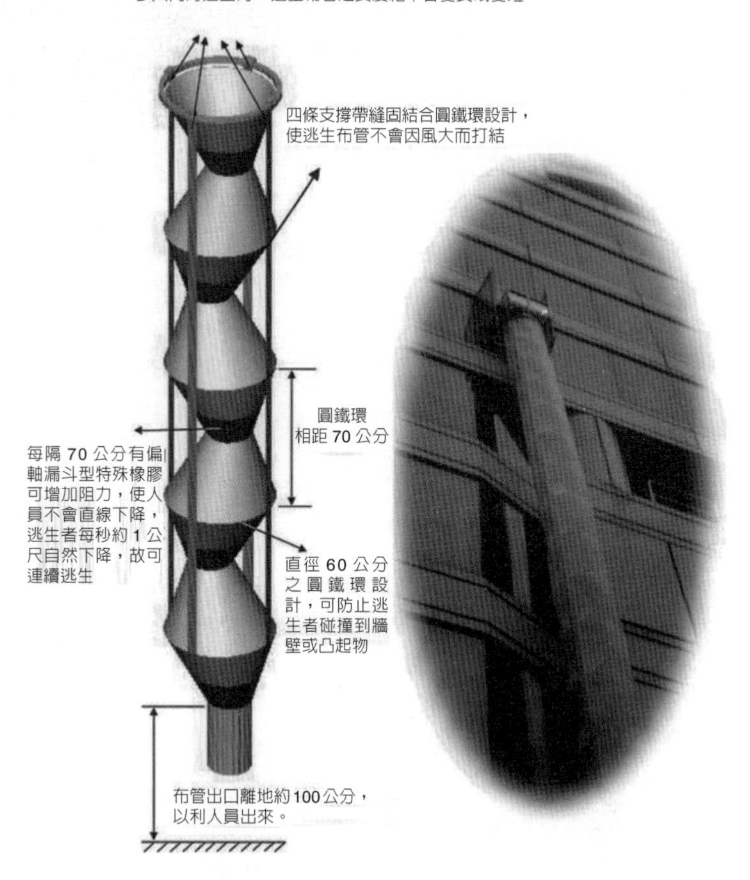

救助袋構造示意圖[97]

97 資料來源：https://www.nafp.com.tw/e3-2.html

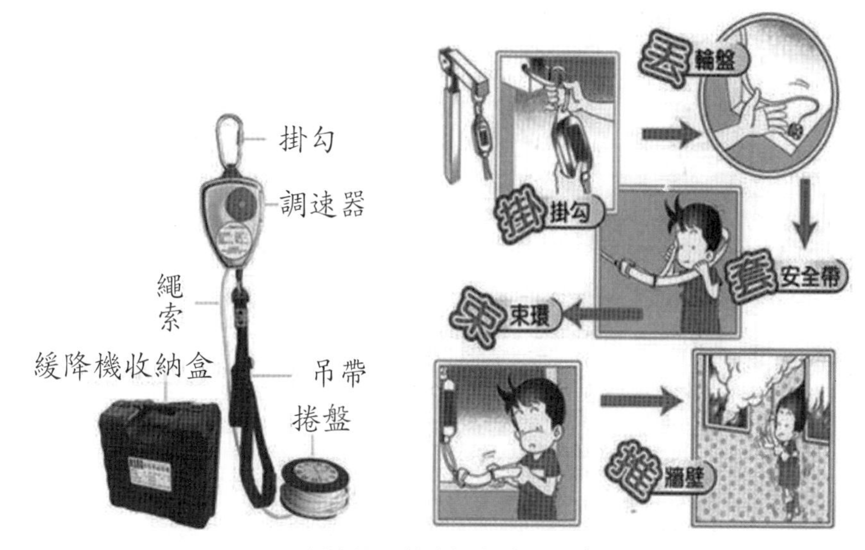

緩降機照片與操作步驟示意圖

資料來源：內政部消防署防火管理訓練教材

滑台照片[98]

98 資料來源：https://www.fire.taichung.gov.tw/forms/index-1.asp?Parser=3,4,26,,,,667,56,,,2

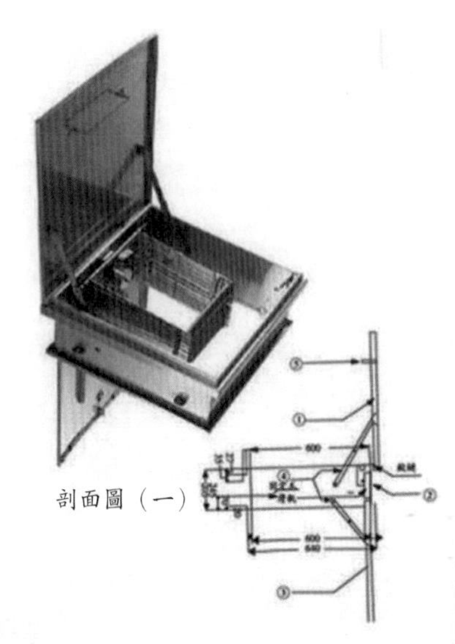

操作及使用說明：

- 使用時只需打開箱蓋，依標示按下底蓋開關及拉放梯鋼索，避難梯即可緩緩降下，人員即可避難逃生。
- 本避難梯之使用除上述之由上而下的逃生方式外，尚可由下一層以由下而上之方式開啟避難梯實施往高處避難之措施。
- 本避難梯是由鐵材交叉組合而成，具有固定梯穩固不搖晃之特性及好收納美觀不占空間之特長，及避難梯可減速下降兼具安全性之特點。
- 本避難梯箱體採用 SUS404 不鏽鋼製成美觀耐用。
- 經 CFS 型式認可。

產品各部材料說明：

編號	品名	規格	材質
1	上蓋	1.5t	SUS304
2	箱體	1.2t	SUS304
3	下蓋	1.2t	SUS304
4	支撐桿	3.0t	SUS304
5	握把	2.0t	SUS304

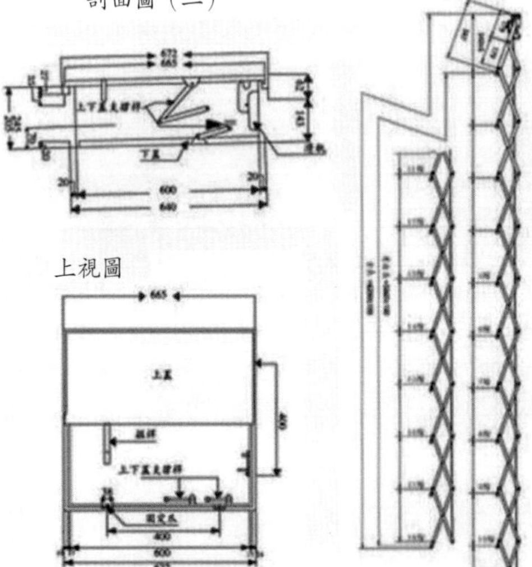

避難梯規格尺寸說明：

型號	DY-AFE209A			
階數	實長	有效長	適用長度	箱體高度
5階	1.78m	1.44m	1.78～2.11m	205mm
6階	2.12m	1.78m	2.12～2.45m	205mm
7階	2.46m	2.12m	2.46～2.79m	205mm
8階	2.80m	2.46m	2.80～3.13m	205mm
9階	3.14m	2.80m	3.14～3.47m	205mm
10階	3.48m	3.14m	3.48～3.81m	245mm
11階	3.82m	3.48m	3.82～4.15m	245mm
12階	4.16m	3.82m	4.16～4.49m	245mm
13階	4.50m	4.16m	4.50～4.83m	300mm
14階	4.84m	4.50m	4.84～5.17m	300mm
15階	5.18m	4.84m	5.18～5.51m	300mm
16階	5.52m	5.18m	5.52～5.85m	375mm
17階	5.86m	5.52m	5.86～6.19m	375mm
18階	6.20m	5.86m	6.20～6.53m	375mm

避難梯照片與操作步驟示意圖[99]

[99] 資料來源：https://www.dayang.com.tw/product/%E9%81%BF%E9%9B%A3%E6%A2%AF/

避難橋照片

資料來源：三立新聞網[100]

五、確保消防搶救上必要之設備正常運作

所謂「消防搶救上必要之設備」系指火警發生時消防人員從事搶救活動上必需之器具或設備。依據各類場所消防安全設備設置標準第 11 條規定消防搶救上之必要設備如下：(1) 連結送水管；(2) 消防專用蓄水池；(3) 排煙設備：緊急昇降機間、特別安全梯間排煙設備、室內排煙設備；(4) 緊急電源插座；(5) 無線電通訊輔助設備；(6) 防災監控系統綜合操作裝置等六類[101]如下圖所示。所以機電公司的責任爲確保消防搶救上必要之設備正常運作。

[100] 資料來源：https://www.setn.com/News.aspx?NewsID=137422

[101] 資料來源：https://law.moj.gov.tw/LawClass/LawSingle.aspx?pcode=D0120029&flno=11

連結送水管照片[102]

消防專用蓄水池照片[103]

[102] 資料來源：https://news.housefun.com.tw/news/article/5363869082.html

[103] 資料來源：https://www.fire.taichung.gov.tw/forms/index-1.asp?Parser=3,4,26,,,,697,58,,,2

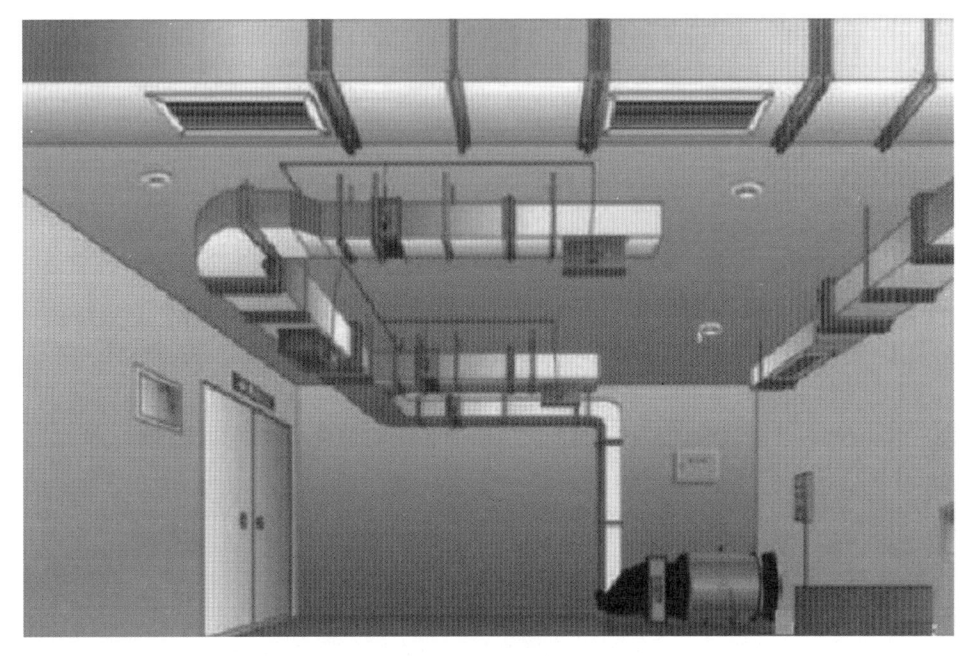

排煙設備示意圖[104]

104 資料來源：https://kknews.cc/society/z5lek6a.html

緊急電源插座照片[105]

[105] 資料來源：https://www.ntfd.gov.tw/latestevent/Details?Parser=9,3,31,,,,,1758

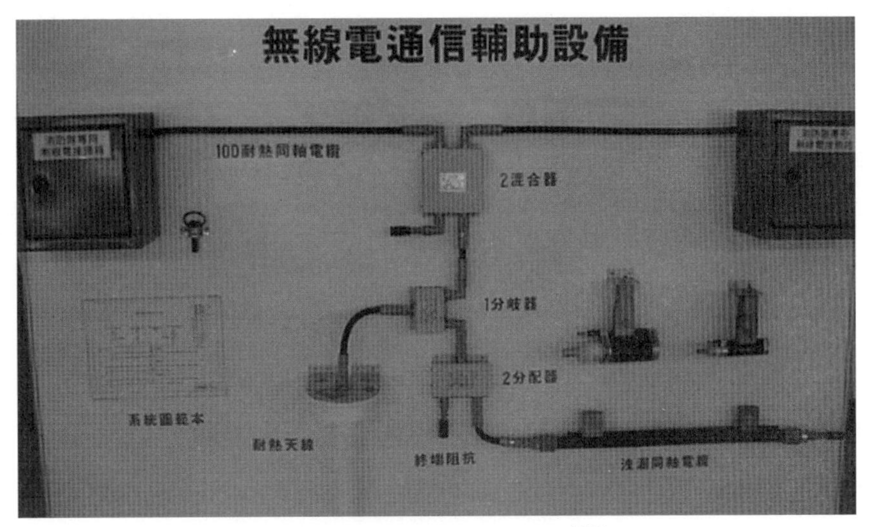

無線電通訊輔助系統示意圖[106]

防災監控系統綜合操作裝置照片[107]

106 資料來源：https://lovesick69.pixnet.net/blog/post/7101233

107 資料來源：http://www.tnohmi.com.tw/zh-tw/product-295028/%E9%98%B2%E7%81%BD%E7%9B%A3%E6%8E%A7%E7%B3%BB%E7%B5%B1%E7%B6%9C%E5%90%88%E6%93%8D%E4%BD%9C%E8%A3%9D%E7%B

六、防範消防安全設備檢查常見缺失發生

根據高雄市茄萣區公所 109 年 10 月份機關安全宣導資料，機關消防及逃生設施檢查常見違失如下[108]：

1. 消防、安全設備異常：滅火器藥劑超過使用年限、滅火器逾安全壓力值、滅火器生鏽、消防箱未正常亮燈、消防水管橡皮硬化、消防水帶於噴水時有些微滲水、供停電用之緊急照明燈故障、消防栓火警指示燈未亮、緩降機金屬部分鏽蝕、防煙垂壁故障、消防擴音設備無法使用等缺失。
2. 消防、安全設備設置未周延：未將緩降設備置放明顯位置、消防栓箱內未將水帶及接頭裝掛妥置、未放置滅火器、滅火器數量不足、滅火器擺放位置不易取得、滅火器未標示有效日期、滅火器自主檢查表未更換、緊急照明設備插頭未插、消防設備平面圖標示有誤，恐生緊急時刻延誤救援等缺失。
3. 消防、安全設備周圍堆積雜物：消防箱前堆置雜物或放置物品，妨礙消防箱開啟作業；另滅火器被雜品遮蔽，可能影響緊急時即時取用之時機。
4. 逃生通道管理未周延：緊急出口指示燈故障、無室內通往室外之避難方向指示、出入口未設置逃生門告示及警示燈、逃生通道堆置物品、逃生安全門上鎖、逃生平面圖與現況不符，恐有妨礙逃生避難路線之慮。
5. 其他：未裝設鐵窗或其他安全裝置、小電箱開關未加設鎖頭、未辦理消防安全訓練、同仁未熟悉逃生及消防設備之擺放位置及使用方式，恐致緊急避難時，無法發揮效用。

---

[108] 資料來源：https://orgws.kcg.gov.tw/001/KcgOrgUploadFiles/283/relfile/66580/206758/a5e3302e-472c-44a1-809d-455f5d93acd4.pdf

王瑞慶在「消防安全設備檢修常見缺失與改善策略研究」技術報告指出根據各案例檢修資料內容，歸納整理消防安全設備檢修缺失合計四大項，其常見缺失如下所述：（王瑞慶，2015）

1. 滅火設備缺失：(1) 滅火器常見缺失以噴管缺損及壓力異常最常見及重要；(2) 水系統共同設備缺失：電壓表及表示燈故障、呼水槽及其給水功能障礙、幫浦運轉（啟動設定）不良。
2. 消防栓部分缺失：缺水帶、瞄子；撒水（霧）滅火設備缺失爲撒水動作音響、警報障礙。
3. 泡沫滅火設備常見缺失：(1) 原液槽外觀及功能障礙及原液不足或變質；(2) 放射動作音響、警報障礙；(3) 一齊開放閥動作、機能障礙。
4. 火警自動警報及緊急廣播設備常見缺失：(1) 電池老化故障；(2) 火警自動警報設備標示燈、通話裝置（含話筒遺失）、地區音響故障；(3) 手動報警機動作異常；(4) 緊急廣播設備揚聲器故障、異常，電壓表與麥克風故障、異常。
5. 避難逃生設備：(1) 緊急照明燈及標示燈常見缺失爲電池損耗，器具損壞或遺失及現場障礙；(2) 緩降機常見缺失爲位置設置不當及鐵窗障礙。
6. 消防搶救上之必要設備缺失主要有排煙設備常見風機及排煙口啟動異常。

所以機電公司應針對上列常見缺失預防之。

課題 5.3

弱電設施維護保養與修繕

弱電設施維護保養與修繕是智慧化與安全居住環境的基礎

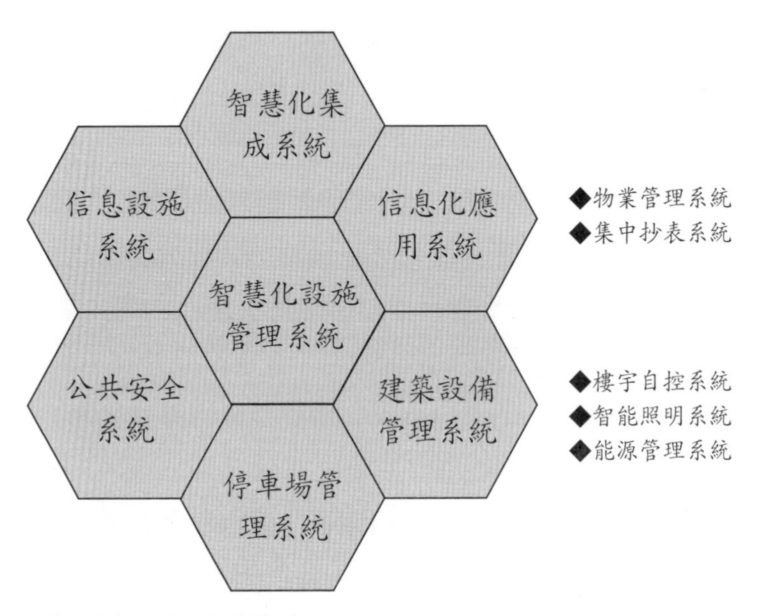

機電公司的弱電設施維護保養與修繕有哪些責任呢？

小叮嚀：基本上機電公司的弱電設施維護保養與修繕責任最重要的是針對「閉路電視監控系統」、「防盜報警系統」、「綜合布線系統」、「電子巡邏系統」、「廣播系統」、「可視對講系統」、「樓宇自動控制系統」、「停車場管理系統」及「安門禁控制系統」等九大系統的維護保養責任，以確保為智慧化與安全居住環境提供優質的基礎設施服務。

機電公司的弱電設施維護保養與修繕的責任主要爲針對「閉路電視監控系統」、「防盜報警系統」、「綜合布線系統」、「電子巡邏系統」、「廣播系統」、「可視對講系統」、「樓宇自動控制系統」、「停車場管理系統」及「門禁控制系統」等九大系統的維護保養責任，以提供智慧建築之優質安全便利的居住環境所需之軟硬體維護服務的責任，茲說明如後。

一、確保閉路電視監控系統正常運作

閉路電視監控系統（又稱 CCTV）能在人們無法直接觀察的場合，卻能實時、形象、眞實地反映被監視控制對象的畫面，並已成爲現代化社區大樓在安全監控上的一種極爲方便有效的管理工具，尤其近年來拜人工智慧與網路科技進步之賜，已發展出新一代數位化網路型監控系統（其架構圖如下所示），除了可透過網路即時監控更具備智慧化影像監控功能，可提供影像強化、物體辨識、動作偵測、畫面改變警示等應用功能，其中以物體動作偵測應用最爲廣泛，例如，在水池、水槽或是溝渠等危險區域，設置一虛擬警戒線，當人員走動超越警戒線系統隨即發出警示，提醒值勤人員檢視是否有人員墜落事故發生，或是透過擴音設備告知該區域人員避免靠近危險區域。另外，此技術也多用於車輛偵測、遺留物偵測、入侵偵測、危險偵測、其他攝影機狀況偵測等[109]。由於系統具有僅需一人在控制中心操作就可觀察許多區域，甚至遠距離區域的優異功能，因此是安全管理上的不可或缺的最佳利器。所以機電公司的責任爲閉路電視監控系統正常運作，也就是針對：(1) 監控系統主機、(2) 攝影機與線路、(3) 機房設備及顯示器等設備做好定期保養與功能檢查。

[109] 資料來源：https://www.digitimes.com.tw/iot/article.asp?cat=130&id=145711

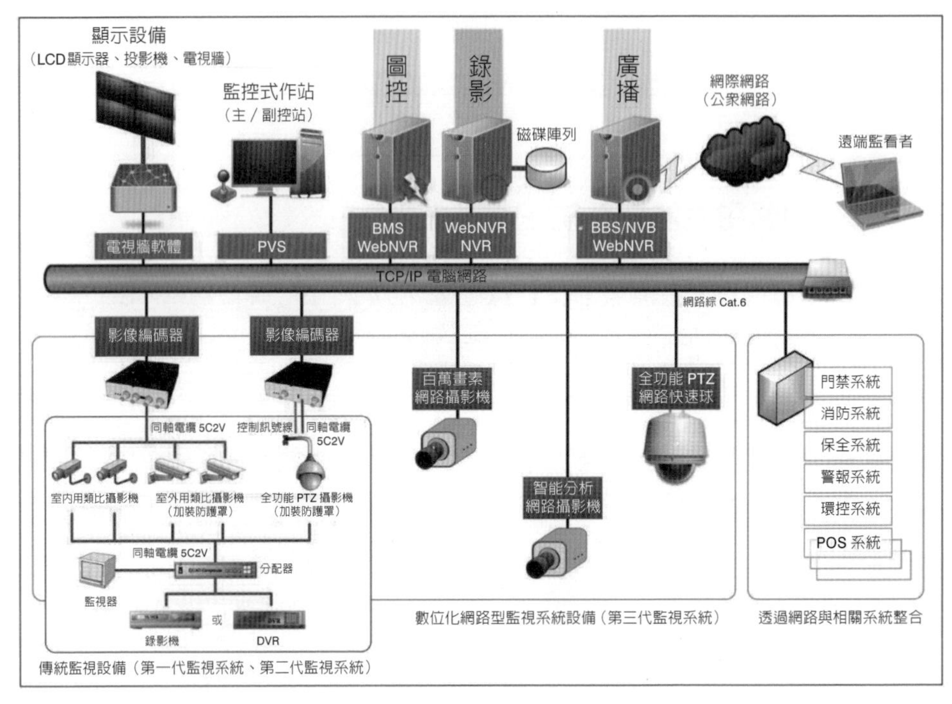

數位化網路型監控系統架構圖[110]

二、確保防盜報警系統正常運作

防盜報警系統是用物理方法或電子技術，自動探測發生在布設監測區域內的侵入行爲，產生報警信號，並提示值勤人員發生報警的區域部位，顯示可能採取對策的系統。防盜報警系統是預防搶劫、盜竊等意外事件的重要設施。一旦發生突發事件，就能通過聲光報警信號在保全控制中心準確顯示出事地點，使於迅速採取緊急應變措施。防盜報警系統與出入口控制系統、閉路電視監控系統、訪客對講系統和電子巡羅系統等一起構成了

110 資料來源：https://cctv.blueeyes.tw/TECH_whitepaper_14.php

安全防範系統[111]。所以機電公司的責任爲確保防盜報警系統正常運作，也就是針對：(1) 報警系統主機、(2) 報警探測器、(3) 周界感應報警系統等設備做好定期保養與功能檢查。

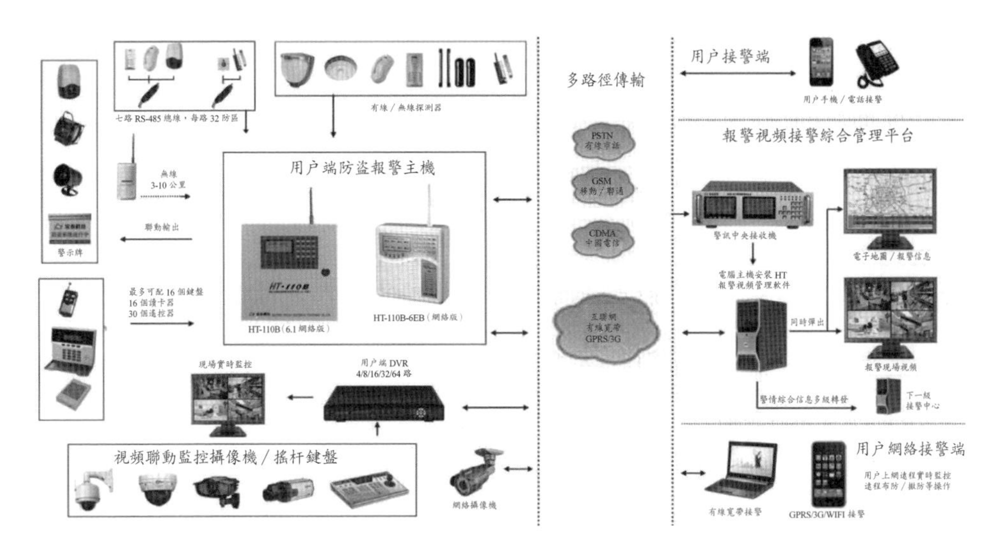

智慧化防盜報警系統架構圖[112]

三、確保綜合布線系統正常運作

綜合布線是一種模組化的、靈活性極高之建築物內或這建築群中間的資訊傳輸通道。通過它可以讓話音裝置、資料設別、交換裝置和各種控制裝置和資訊管理系統連線起來，同時也讓這些裝置和外部通訊網路相連的一種綜合布線方式，分爲：水平子系統、垂直子系統、建築群子系統、

---

111 資料來源：https://www.easyatm.com.tw/wiki/%E5%A0%B1%E8%AD%A6%E7%B3%BB%E7%B5%B1

112 資料來源：http://www.bbky.net.cn/znh.asp?ccc=20190215203203

工作區子系統、裝置間子系統及管理子系統等六個部分如下圖所示，它們都有各自的具體用途，不僅實施容易，而且還能根據需求的變化而平穩升級[113]。綜合布線由不同系列和規格的部件組成，包括：傳輸介質、相關連線硬體（聯結器、插座、插頭、配適器）和電器保護裝置這些，樓層布線立體示意圖如下圖所示。所以機電公司的責任爲確保綜合布線系統正常運作，也就是針對綜合布線系統被分爲六個部分：(1) 水平子系統、(2) 垂直子系統、(3) 建築群子系統、(4) 工作區子系統、(5) 裝置間子系統、(6) 管理子系統等設備做好定期保養與功能檢查。

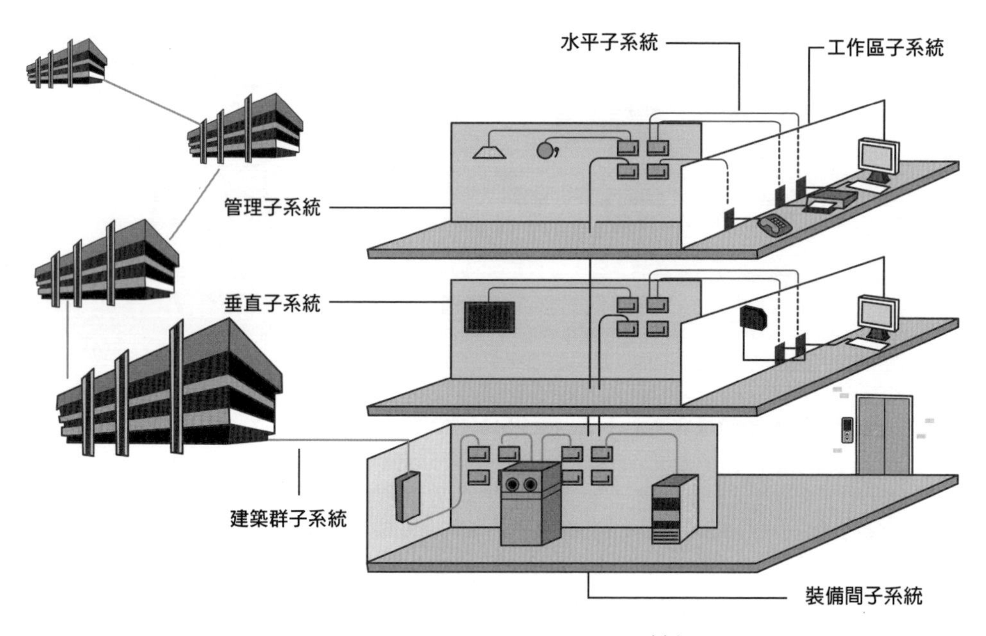

綜合布線系統六大子系統示意圖[114]

113 資料來源：https://www.itread01.com/ihklye.html

114 資料來源：http://www.aixton.cn/news/news0530484.html

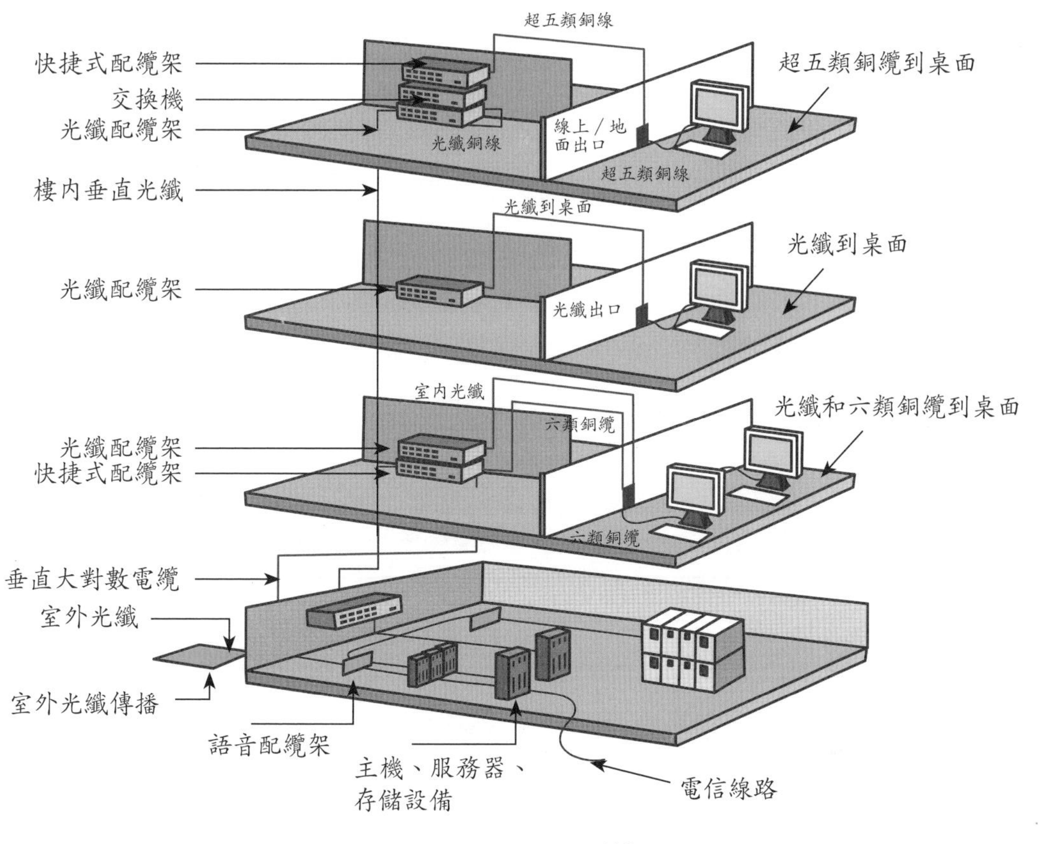

樓層布線立體示意圖[115]

四、確保電子巡邏系統正常運作

針對社區安全防範管理需求，在住宅社區配置電子巡邏管理系統，主要是加強對保全人員日常巡邏工作的管理，並藉由在周界、閉路電視監控系統地死角、地下停車場、頂樓、主要通道處設置巡邏點，根據安全防

115 資料來源：https://www.diangon.com/m284291.html

範需求的不同進行合理的巡邏路線設置，保全人員根據規定的時間、路線進行日常巡查工作（如下圖使用電子巡邏系統步驟示意圖所示），管理人員通過系統軟體實現對保全人員工作的查看及有序管理，提高社區居住安全。尤其近年來拜智慧手機與網路科技進步之賜，已發展出新一代電子巡邏系統可藉由手機取代傳統巡邏器，其電子巡邏系統示意圖如下圖所示。所以機電公司的責任爲確保電子巡邏系統正常運作，也就是針對：(1) 巡邏器（巡邏棒或巡邏用手機）、(2) 信息鈕（巡更點）、(3) 通訊座（數據下載轉換器）、(4) 系統管理軟體等設備做好定期保養與功能檢查。

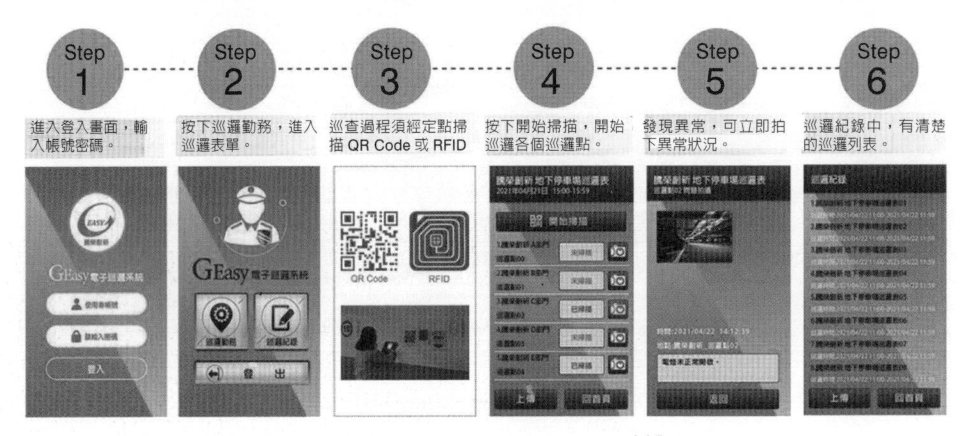

使用電子巡邏系統步驟示意圖[116]

116 資料來源：https://geasycloud.com/edm_security.php

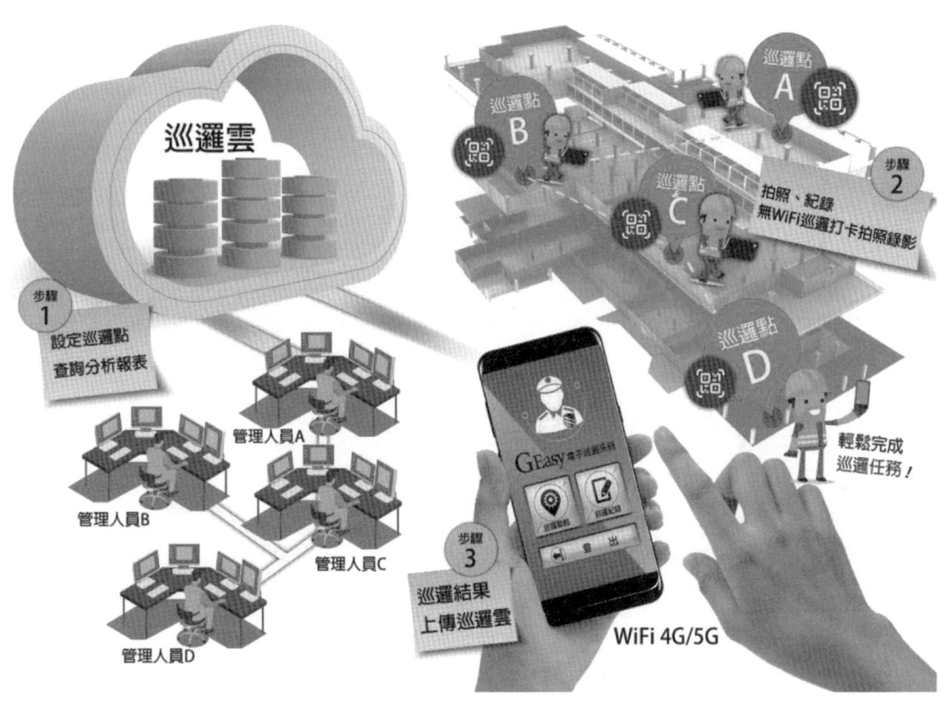

電子巡邏系統架構示意圖[117]

五、確保廣播系統正常運作

廣播系統係發生火災時，能迅速以擴音器廣播或發出警報聲（如警鈴、警笛），通知防火對象物內居民，使之確實知悉火警發生訊息，平時也可用於廣播通知社區住戶重要消息，廣播系統包括啟動裝置、標示燈、擴音機、操作裝置、揚聲器、電源、配線等設備，廣播系統系統架構示意圖如下圖所示。所以機電公司的責任為確保廣播系統正常運作，也就是針對：(1) 廣播系統主機、(2) 擴音機、(3) 揚聲器等設備做好定期保養與功能檢查。

117 資料來源：https://geasycloud.com/edm_security.php

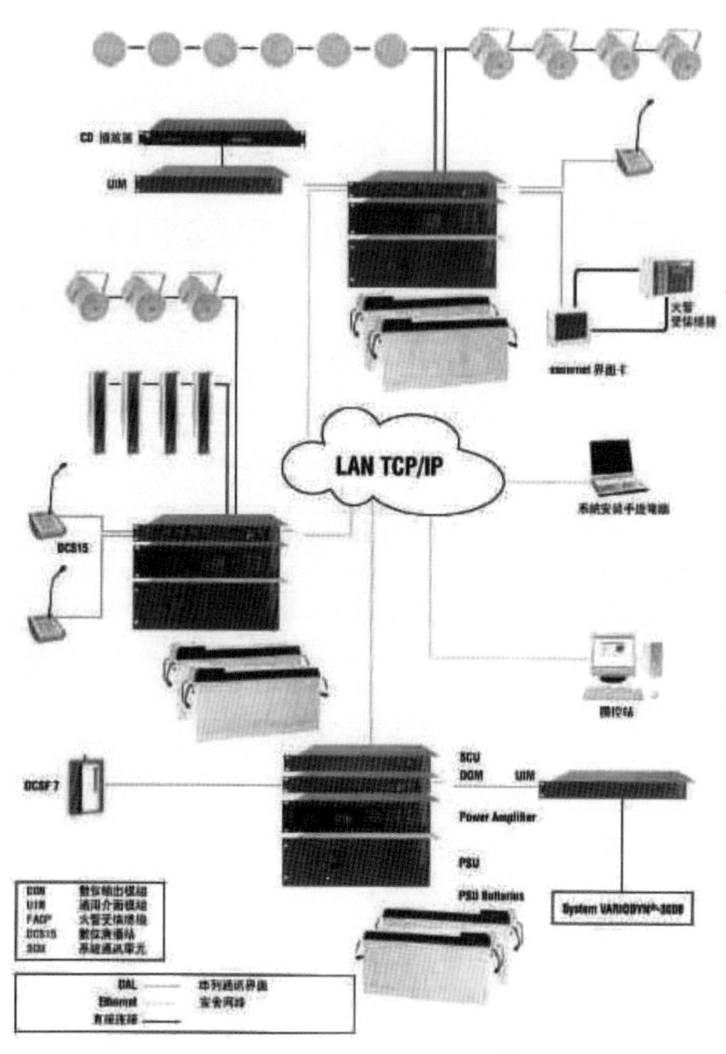

廣播系統系統架構示意圖[118]

118 資料來源：https://www.gj119.com.tw/product/?mode=data&id=87&top=2

六、確保可視對講系統正常運作

可視對講系統是一套現代化的社區住宅服務措施，提供訪客與住戶之間雙向可視通話，達到圖像、語音雙重識別從而增加安全可靠性，同時節省大量的時間，提高了工作效率。更重要的是，一旦住家內所安裝的門磁開頭、紅外報警探測器、煙霧探險測器、瓦斯報警器等設備連線到可視對講系統的保全型室內機上以後，可視對講系統就升級爲一個安全技術防範網路，它可以與社區物業管理中心或社區警衛有線或無線通訊，從而起到防盜、防災、防煤氣泄漏等安全保護作用，爲社區住戶的生命財產安全提供最大程度的保障[119]。同時拜科技進步之賜，新一代對講系統已發展出網路型影視對講系統，並結合人臉辨識科技於大門對講機，可運用在門禁、梯控、考勤、人員管制、訪客管理，網路型影視對講系統架構圖如下圖所示。所以機電公司的責任爲確保可視對講系統正常運作，也就是針對：(1) 可視對講系統主機、(2) 室內對講機、(3) 門口機、(4) 中繼箱等設備做好定期保養與功能檢查。

[119] 資料來源：https://www.easyatm.com.tw/wiki/%E5%8F%AF%E8%A6%96%E5%B0%8D%E8%AC%9B

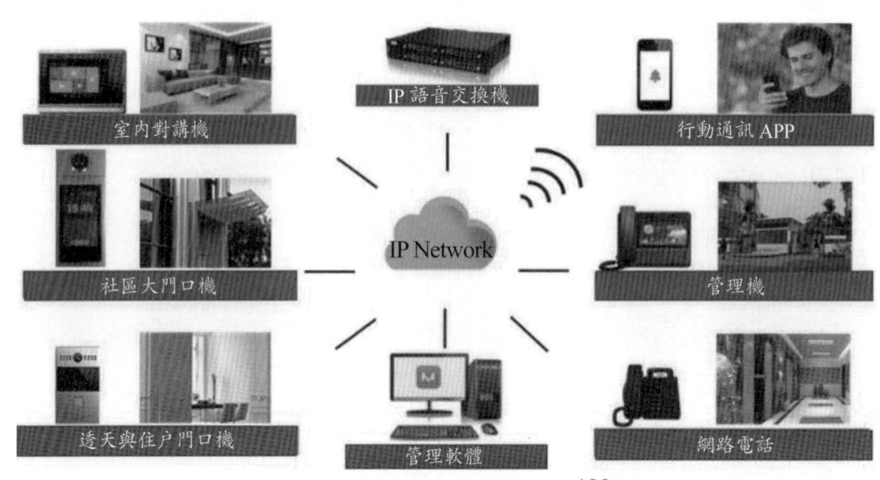

網路型影視對講系統架構圖[120]

七、確保樓宇自動控制系統正常運作

樓宇自動控制系統（Building Automation System）是針對建築物內各種機電設備進行集中管理和監控的綜合系統。樓宇自動控制系統主要包含了：空調管理系統、給排水管理系統、照明管理系統、能源管理系統等智慧化管理系統，將對整棟建築物內部的空調機組、送排風機、制冷機組、冷卻塔、鍋爐、換熱器、水箱水泵、照明迴路、變配電設備、電梯等機電設備進行信號採集和控制，實現智慧化與自動化設備管理。在整個建築物範圍內，通過整套樓宇自動控制系統及其內置最最佳化控制程式和預設時間程式，對所有機電設備進行集中管理和監控。在滿足控制要求的前提下，實現全面節能，用控制器的控制功能代替日常運行維護的工作，大大減少日常的工作量，減少由於維護人員的工作失誤而造成的設備失控或設備損壞，同時具備對於關鍵重要系統和設備元件的監控，即時的狀態監

120 資料來源：http://www.cdphone.com.tw/product_1134804.html

測、元件故障或控制條件超限的警告通知（LINE 或手機簡訊），以及遠端設置時程表和調整設定值的能力[121]。所以機電公司的責任爲確保樓宇自動控制系統正常運作，也就是針對：(1) 中央監控站；(2) 傳感器：自控系統中的首要設備，它直接與被測對象發生聯繫，如溫度傳感器、壓力傳感器、流量傳感器、液位傳感器等；(3) 現場控制器（DDC）[122]等設備做好定期保養與功能檢查。

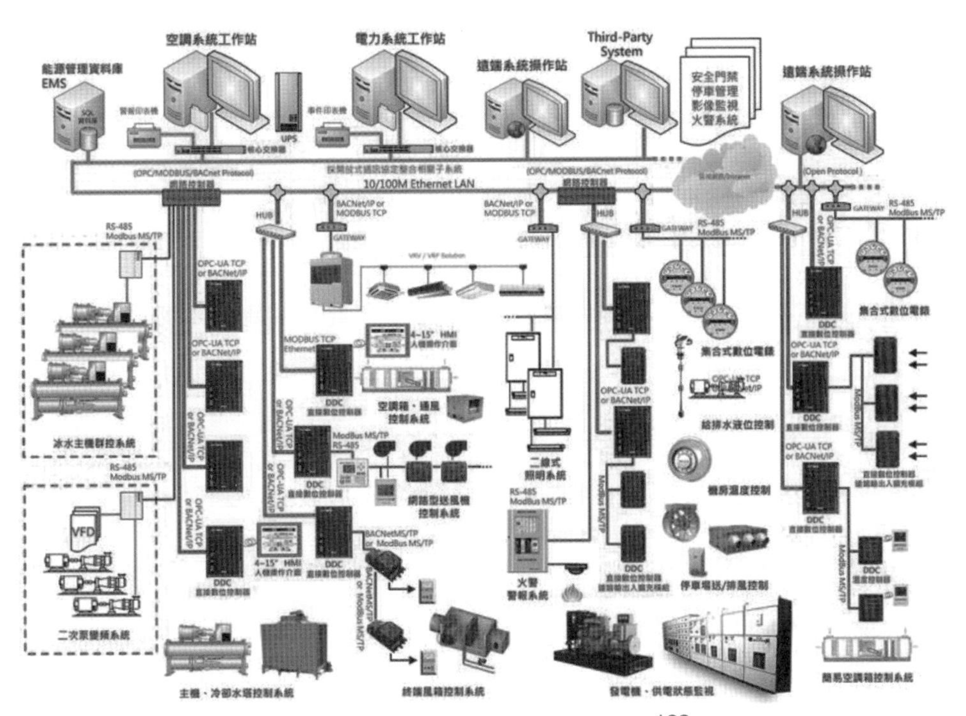

樓宇自動控制系統功能架構示意圖[123]

121 資料來源：https://www.easyatm.com.tw/wiki/%E6%A8%93%E5%AE%87%E6%8E%A7%E5%88%B6%E7%B3%BB%E7%B5%B1

122 資料來源：https://kknews.cc/zh-tw/news/zkkxjzl.html

123 資料來源：http://www.sinotek.com.tw/solution.aspx?CatID=9ce8c851-ee47-42ce-afe8-e93d00e4d3f2

八、確保停車場管理系統正常運作

目前在社區採用的停車場管理系統的自動化設備系統大概可分成 E-TAG 與車牌辨識兩類（如下圖停車場管理系統類別示意圖所示），(1) E-TAG 停車管理系統：是利用高速公路收費系統遠通 e-Tag 的遠距離感應特性功能，發展成爲社區停車場管理系統，是目前最先進的停車場自動化管理方式之一，其配置圖如下圖 E-TAG 停車管理系統設施配置圖所示，其架構圖如下圖 E-TAG 停車管理系統架構圖所示；(2) 車牌辨識停車管理系統：是透過 AI 人工智慧演算法學習模型來辨識車牌，辨識率最高可達 99.99%、辨識速度最快 0.02 秒，可透過設定社區住戶車牌號碼名單，據以管控車輛進出停車場。所以機電公司的責任爲確保停車場管理系統正常運作，也就是針對：(1) 電腦連線車道控制主機、(2) 中央控制室設備、(3) 入口設備、(4) 出口設備等設備做好定期保養與功能檢查。

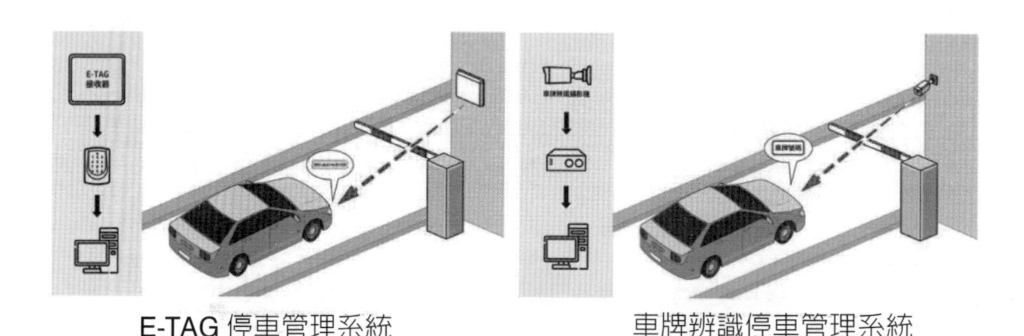

停車場管理系統類別示意圖[124]

[124] 資料來源：https://tdac-tdac.com/pa%EF%BC%9A%E5%81%9C%E8%BB%8A%E5%A0%B4%E8%87%AA%E5%8B%95%E5%8C%96%E8%A8%AD%E5%82%99%E7%B3%BB%E7%B5%B1/

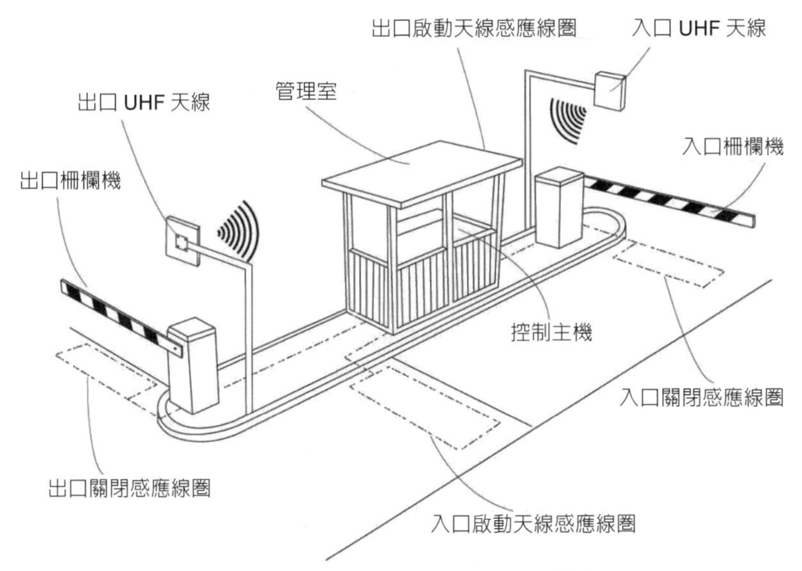

E-TAG 停車管理系統設施配置圖[125]

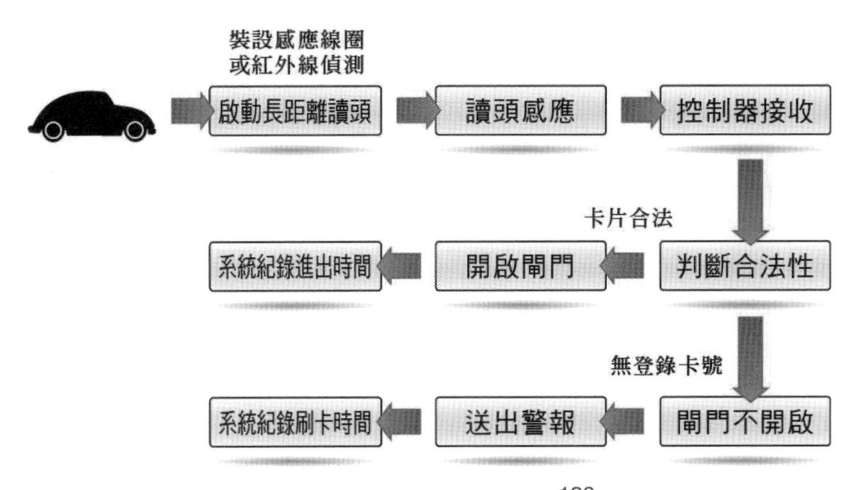

E-TAG 停車管理系統架構圖[126]

125 資料來源：https://www.jantek.com.tw/h/DataDetail?key=pfdak&cont=290648

126 資料來源：https://www.jantek.com.tw/h/DataDetail?key=pfdak&cont=290648

九、確保門禁控制系統正常運作

門禁控制系統，又稱出入口控制系統，是一種管理人員、物品進出的智慧型控制系統，是新型現代化安全管理系統，它集微型計算機自動識別技術和現代安全管理措施爲一體，其科技涉及電子，機械，光學，計算機技術，通訊技術，生物技術等諸多新科技。常見的門禁系統有：使用密碼認證通行的門禁系統，使用非接觸 IC 卡認證的門禁系統，臉部辨識、指紋、虹膜、掌型、手指靜脈等生物識別門禁系統等[127]，門禁控制系統架構圖如下圖所示。所以機電公司的責任爲確保門禁控制系統正常運作，也就是針對：(1) 門禁系統主機、(2) 多功能掃瞄器、(3) 控制器、(4) 感測器、(5) 警報系統等設備做好定期保養與功能檢查。

---

[127] 資料來源：https://www.easyatm.com.tw/wiki/%E9%96%80%E7%A6%81%E7%B3%BB%E7%B5%B1%E5%8E%9F%E7%90%86

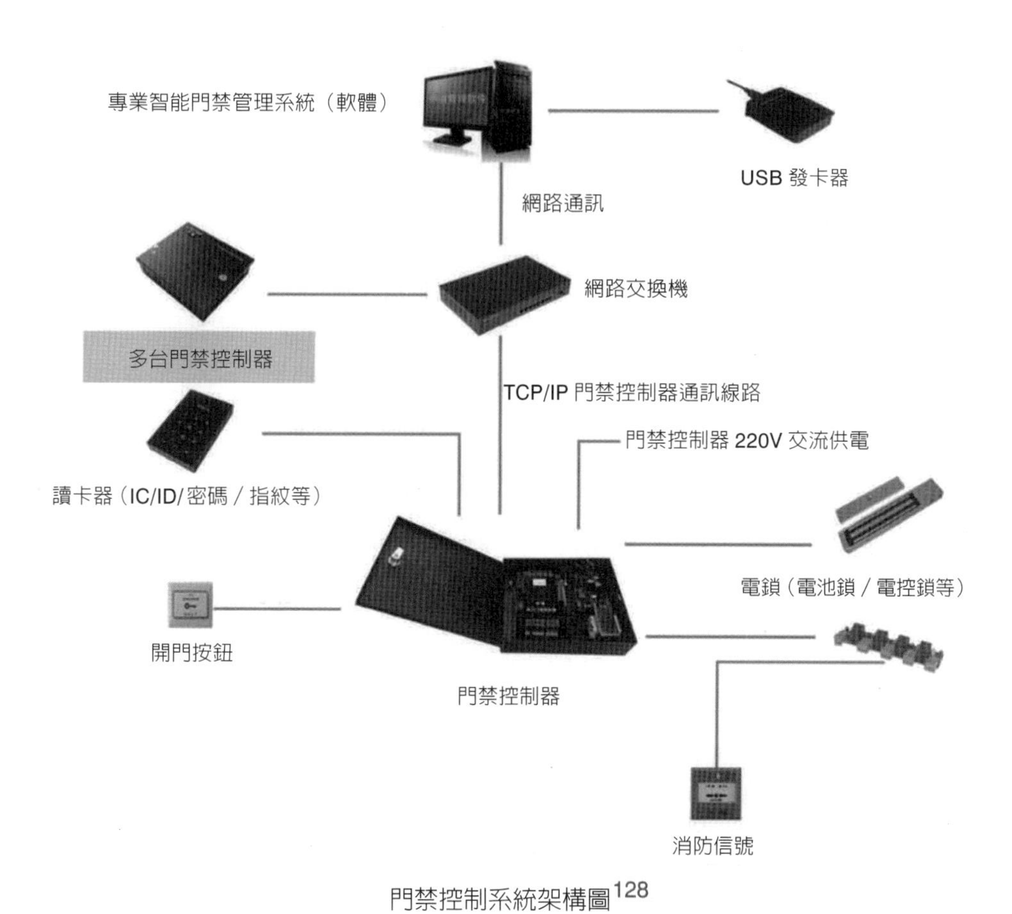

門禁控制系統架構圖[128]

128 資料來源：http://www.paoan.com.tw/1225/%E5%A6%82%E4%BD%95%E9%85%8D%E7%BD%AE%E9%96%80%E7%A6%81%E7%B3%BB%E7%B5%B1%EF%BC%9F

課題 5.4

智慧化設施管理系統服務

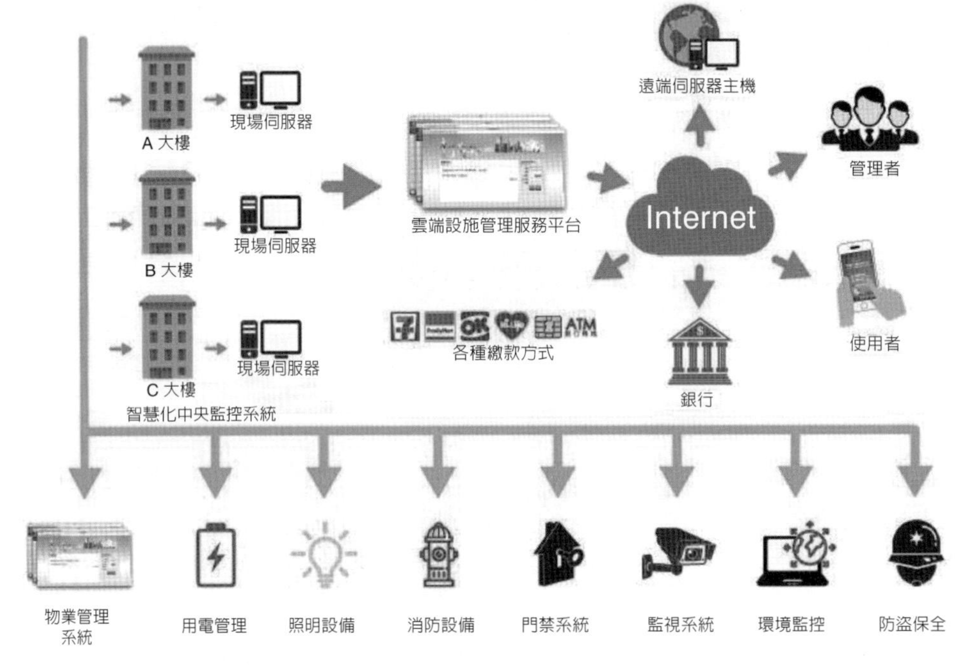

機電公司的智慧化設施管理系統服務有哪些責任呢？

小叮嚀：基本上機電公司的智慧化建築物機電設備管理系統服務最重要的是「導入智慧化中央監控系統」，以及「導入智慧化設施管理」以確保服務品質。當然借助於現代智慧化科技達成「節能環保」及提便利化的「雲端服務」，並將設施故障叫修服務導入設施管理系統，也都是機電公司的責任。

機電公司智慧化設施管理系統服務的責任主要可分爲針對「導入智慧化中央監控系統」及「導入智慧化設施管理」等兩個面向的責任，針對「導入智慧化中央監控系統」機電公司應透過智慧化中央監控系統以確保社區安全正常運作且達成「節能環保」與「雲端服務」應用之目標；針對「導入智慧化設施管理」機電公司應負起落實將設施定期保養資訊建置於設施管理系統，藉由智慧化系統也可進一步提醒保養施工人員該保養工作應準備的專業工具、相關材料以及保養的作業標準流程以確保定期維護保養的施工品質，茲說明如後。

課題 5.4.1
導入智慧化中央監控系統

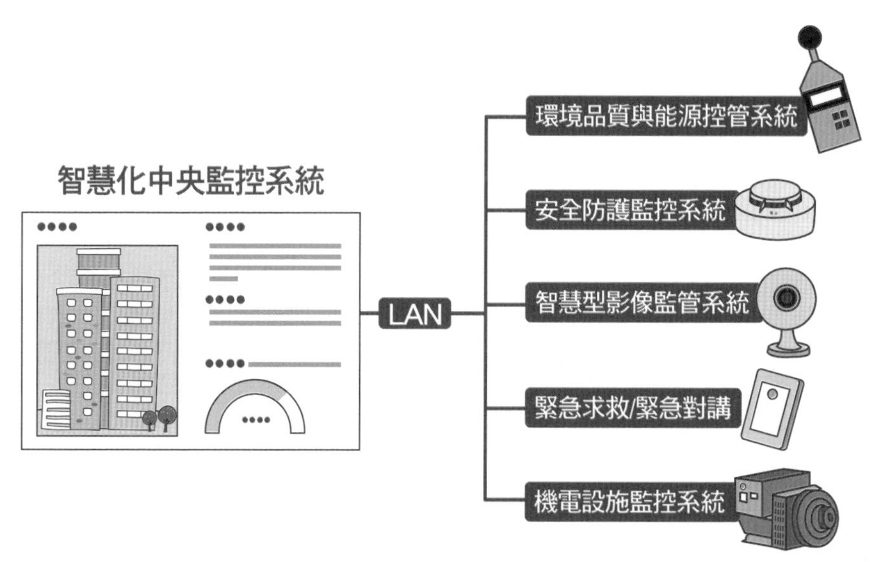

機電公司在「導入智慧化中央監控系統」有哪些責任呢？

小叮嚀：基本上機電公司在「導入智慧化中央監控系統」管理服務最重要的是透過智慧化中央監控系統以確保社區安全正常運作且達成「節能環保」與「雲端服務」應用之目標。並藉由智慧化系統的運作來提升社區的防災及緊急應變能力與運作效能。

機電公司針對「導入智慧化中央監控系統」的責任爲透過智慧化中央監控系統以確保社區安全正常運作且達成「節能環保」與「雲端服務」應用之目標，並有效地整合下列監控內容與系統：(1) 電力監控；(2) 空調通風與環境監控；(3) 照明監控；(4) 衛生給排水監控；(5) 電梯監控；(6) 門禁系統；(7) 監視系統；(8) 緊急求救系統；(9) 消防系統監控；(10) 能源管理系統；(11) 安全防災系統[129]，茲說明內容如下：

一、電力監控

電力監控需整合大小公共用電盤的用電監控、通風用電監控、照明用電監控、衛生給排水泵用電監控，並透過智慧電錶做好完整用電紀錄與分析，即時監控總用電量是否超過契約容量並即時控制管理使之不超過契約容量，相關監控內容茲整理如下：(1) 油量電池電量監控：監控柴油發電機油箱之高低液面及充電電池電量低限，當油箱油量及蓄電池電量顯示異常時即時發送警報。(2) 發電機運轉監控：當公共區域之緊急發電機運轉時，監控其運轉效能並於電力故障跳脫時即時發送警報預警。(3) 電力運轉監控：監控公共區域之高（低）壓配電盤主盤之電壓、電流、功率之資訊，並於電力故障跳脫時即時發送警報預警。(4) 用電量監控：透過數位多功能電錶，及時監控用電量，將用電量之數據傳送至中央監控主機，進行用電紀錄分析及電力需量控制之電力系統能源管理。(5) 照明監控：監控照明系統用電量並連動控制，當需要進行電力需量控制時，可設定關閉部分照明設備以避免總用電量超過契約容量。(6) 衛生給排水監控：監控

[129] 資料來源：https://www.avadesign.com.tw/vbell%E6%99%BA%E6%85%A7%E5%BB%BA%E7%AF%89ba%E7%B3%BB%E7%B5%B1%E6%95%B4%E5%90%88%E8%83%BD%E5%8A%9B/

衛生給排水系統用電量並連動控制，當需要進行電力需量控制時，可設定停止部分水泵設備以避免總用電量超過契約容量。

二、空調通風與環境監控

空調通風與環境監控需整合室內環境品質監測（如溫度、溼度與空氣品質指標如一氧化碳、二氧化碳濃度等）以及消防系統，當發現公共區溫度、溼度超標時可自動啟動空調系統或通風系統，當發現公共區一氧化碳或二氧化碳濃度超標時可自動啟動通風或新風系統，當火災發生時可自動關閉空調及通風系統，相關監控內容茲整理如下：(1) 空調主機監控：監控公共區域之多聯變頻室外機之運轉，並於故障跳脫時即時發送警報預警。(2) 室內環境品質監控：監控室內環境品質，並與室內環境品質系統之偵測器連動，當室內溫度與溼度超過上限時，可自動啟動空調系統或通風系統以改善室內環境品質，當室內空氣品質（如二氧化碳濃度）超標時可自動啟動通風或新風系統以改善室內空氣品質。(3) 火災監控：監控空調通風系統並與消防系統連動，當火災發生時可自動關閉空調及通風系統並啟動排煙系統運作將煙霧排到室外。(4) 排氣設備監控：監控公共區域之進氣風機、排氣風機之運轉，並於故障跳脫時即時發送警報預警。

三、照明監控

照明監控需整合能源管理系統之用電紀錄並執行相關節能監控措施，相關監控內容茲整理如下：(1) 時程監控：採用照明控制系統使用時序控制，配合日照或上下班時間統一開啟或關閉照明設備，節省人員開關燈時間差的能源浪費。(2) 互動調光節能監控：可依據尖峰時段或離峰時段，搭配紅外感應器進行現地調光節能機制功能應用於廁所或停車場照明監控。

四、衛生給排水監控

衛生給排水監控需整合電力監控系統之用電紀錄並執行相關水位管理監控措施以避免汙水溢流或淹水，相關監控內容茲整理如下：(1) 水位監控：監控自來水進水箱、屋頂重力水箱、汙水池、廢水池、雨水回收水池、消防水池之水位。低於最低水位，或超出最高水位及不正常溢流時，並於顯示水位異常時發送警報。(2) 馬達監控：監控公共區域之汙水泵、廢水泵、雨水回收泵、揚水泵、汙水泵、雨水過濾泵、滯洪排放泵之運轉，並於故障跳脫時即時發送警報預警。(3) 水池監控：監控雨水暫存池、雨水滯洪池之水位，並於顯示水位異常時發送警報。

五、電梯監控

電梯監控需與消防系統監控互相連動，於火災發生時，一般電梯能緊急停止，而緊急昇降電梯可至避難層待命，相關監控內容茲整理如下：(1) 異常緊急狀況監控：當電梯產生異常運行狀況時，系統會即時將建築物平面圖及電梯對應配置圖彈跳顯示畫面，並提示該號機的異常訊息並發出警報聲，提供物業人員需前往處理異常電梯的正確位置。(2) 遠端運轉監控：遠端監視並管制電梯運轉狀態，遠端控制電梯前往目標樓層、設定不停靠樓層、手動進入火災及地震管制，與停機運轉等狀態。(3) 電梯狀態監控：即時記錄並回傳車廂位置、運行方向、預計停靠樓層、載重率、電梯異常狀態等相關運行資訊，並進行交通及人流統計分析。

六、門禁系統監控

門禁系統監控需整合消防系統互相連動以利救災，相關監控內容茲整理如下：(1) 頂樓安全門監控：頂樓安全門一經開啟，即啟動監視攝影機並搭配人員計數系統，讓物管人員可掌控屋頂室外逗留人數以利監控社區人員安全。(2) 門禁管制區域監控：針對門禁管制區域的範圍、通行對象以及通行時間進行即時控制或設定程序式控制。(3) 門禁系統與消防系統連動：在發生火災時即時啟動消防通道和安全門，並將門型電磁鎖自動斷電以便達到安全之原則。(4) 管制區域監控：進入蓄水池或機房等各管制區域需刷卡才可進入，以管制閒雜人等進入，當有人員以不當手段破壞該系統進入時，安全系統會發出警報通知管理人員前往處理。

七、監視系統監控

監視系統需整合公共區域與緊急求救系統互相連動以利處理緊急狀況，相關監控內容茲整理如下：(1) 徘徊監控：當某物（人或車）於設定好的安全管制區域中移動徘徊超過設定的時間範圍時，系統會發出警報讓物管人員可掌控可疑份子以利監控社區安全。(2) 跨線監控：當某物（人或車）通過於設定好的路徑界線（如圍牆）時，系統會發出警報讓物管人員可掌控可疑的入侵分子以利監控社區安全。(3) 跌倒監控：在設定好的偵測區域（如戲水池）如發生人員跌倒達一定時間時，系統會發出警報讓物管人員可即時掌握發生意外狀況以利社區安全。(4) 違規停車監控：在設定好的偵測區域（如車道出入口）如車輛停留並留置達設定時間時，系統會發出警報讓物管人員可即時掌握違規停車狀況以利社區交通安全。

八、緊急求救系統監控

緊急求救系統需整合公共區域與監視系統互相連動，並與各戶緊急求救系統互相連動以利處理緊急狀況，相關監控內容茲整理如下：(1) 緊急求救監控：緊急求救系統於公共廁所、各層逃生梯間、屋頂室外、停車場等處所設置緊急求救系統，並連結監視攝影系統整合連動（重要出入口、停車場區、屋頂區）。連結監視攝影系統整合連動功能或緊急求救系統設備本身就具備攝影功能。(2) 通話監控：當遇緊急狀況時按下緊急求救鈕時，管理室監視螢幕會顯示緊急壓扣附近的攝影機畫面並連動對講系統，管理員可拿起話筒與求救人員通話。(3)APP 推播監控：可設定單點狀況發生時，發送即時 APP 推播訊息到主管人員的手機。

九、消防系統監控

消防系統監控需整合空調、通風換氣、電梯監控、門禁系統互相連動以利消防避難，相關監控內容茲整理如下：(1) 消防設備監控：偵測公共區域之消防泵、泡沫泵、撒水泵、抽水泵、排煙風機之運轉，以及偵測消防輔助水箱之水位，並於故障跳脫或時水箱水位異常即時發送警報預警。(2) 門禁監控：消防系統訊號與中央監控系統連動，當消防系統觸發時，將解除門禁供人員逃生使用及將社區公共空間之空調及通風系統自動斷電，以免火勢擴大延燒。(3) 逃生通道照明監控：消防系統訊號與中央監控系統連動，當消防系統觸發時，將連動二線式系統開啟逃生通道照明。

十、能源管理系統監控

能源管理系統監控需整合照明系統、空調通風、衛生給排水泵等監控制系統互相連動以利節能管理，相關監控內容茲整理如下：(1) 能源卸載監控：能源卸載功能可依不同情況設定情境群組，當總用電量接近契約容量時，視情況卸載部分照明系統、空調通風、衛生給排水泵能源，以便管控總用電量不超過契約容量。(2) 用戶用電監控：將各戶專用迴路傳送訊號到中央監控系統電腦主機，透過網路相互連結，蒐集家電的電力使用資訊，達到能源視覺化，還可將資料傳送至雲端，做爲電力控管的參考基準。

十一、安全防災系統監控

安全防災系統監控需整合機電設備及門禁系統等監控制系統互相連動以利防災管理，相關監控內容茲整理如下：(1) 防盜監控：當公共保全防盜被闖入或打開時，管理室監視螢幕會顯示該處的攝影機並將影像儲存及發送到指定人員的手機或電腦。(2) 安全門監控：於安全門設置磁簧開關將警報聯結至中控中心之門禁管理主機之圖控電腦內。(3) 有毒氣體監控：偵測停車場一氧化碳濃度，當濃度超過標準值時，立即啟動進排氣風機設備。(4) 漏水監控：於機電設備空間等相關場所設置漏水警告及偵測設備，偵測漏水現象，並於漏水時自動發布警告信號。

課題 5.4.2 導入智慧化設施管理系統

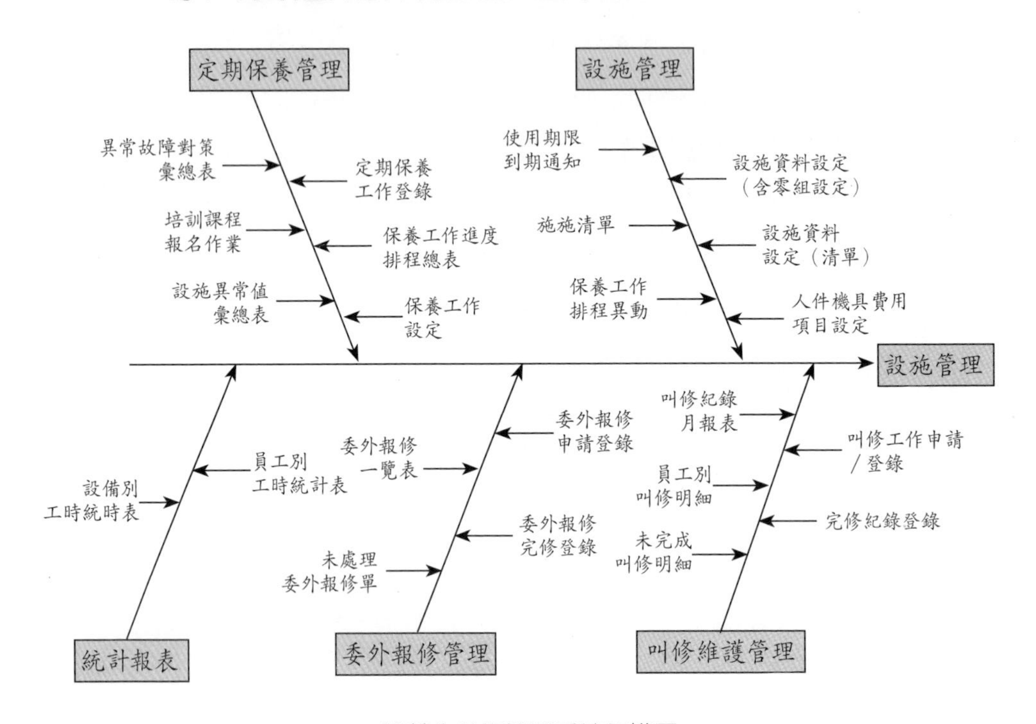

智慧化設施管理系統架構圖

資料來源：陳建謀等，物業管理資訊系統理論與實務，2007

機電公司在「導入智慧化設施管理系統」有哪些責任呢？

小叮嚀：基本上機電公司在「導入智慧化設施管理系統」管理服務最重要的是落實將設施定期保養資訊建置於設施管理系統，藉由智慧化系統也可進一步提醒保養施工人員該保養工作應準備的專業工具、相關材料以及保養的作業標準流程以確保定期維護保養的施工品質。當然將設施故障叫修服務導入設施管理系統，以完整記錄設施故障叫修時間、設施故障工單接單時間、施工人員維修時間以及故障修繕完成時間，以確保故障修繕品質與效率都是機電公司的責任。

機電公司針對「導入智慧化設施管理系統」的責任爲：(1) 將設施定期保養資訊建置於設施管理系統；(2) 將設施故障叫修資訊建置於設施管理系統；(3) 將設施委外報修資訊建置於設施管理系統，茲說明內容如下：

一、將設施定期保養資訊建置於設施管理系統

設施定期保養資訊是社區管理非常重要的資料，完善的設施定期保養可以讓設備的耐用年限平均延長 1.5 倍（張坤海，2014），因此將社區設施定期保養資訊建置於設施管理系統乃是設施管理的首要工作，除了可以完整記錄歷年來社區的設施定期維護保養狀況，更可避免因管委會換屆或更換機電公司，而造成設施定期保養資料交接不完全或資料遺失的窘況，同時也可讓設施定期保養的工作內容與保養時程，有詳盡完善的文字與照片紀錄，甚至藉由智慧化系統也可進一步提醒保養施工人員該保養工作應準備的專業工具、相關材料以及保養的作業標準流程，以確保定期維護保養的施工品質，因此機電公司應協助社區將設施定期保養資訊完整建置於設施管理系統。

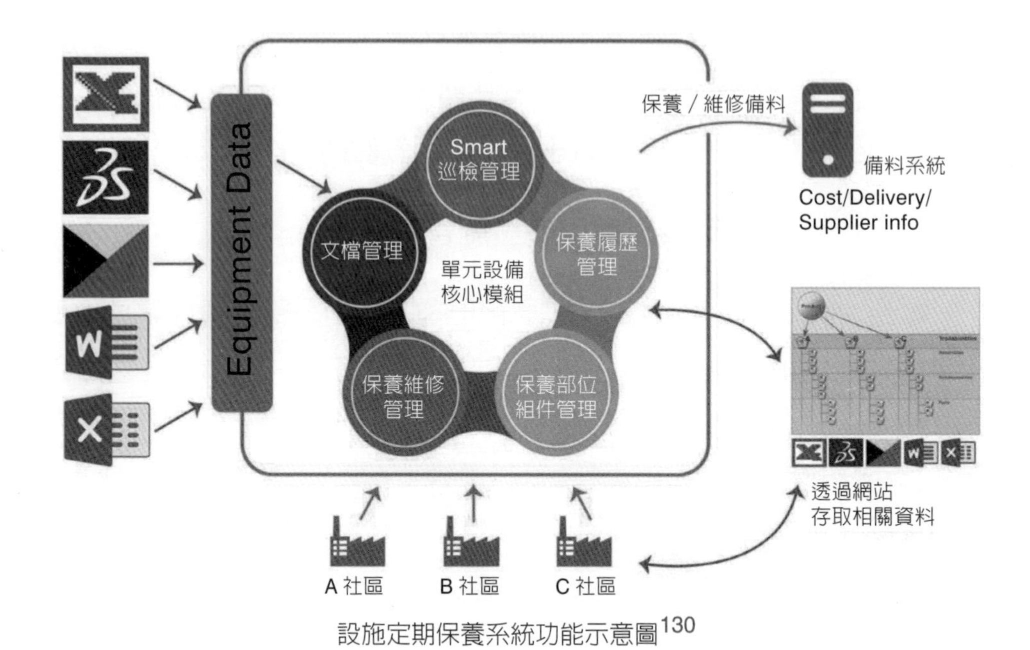

設施定期保養系統功能示意圖[130]

二、將設施故障叫修服務導入設施管理系統

設施故障叫修服務是社區維護管理非常重要的一項服務，因此將將設施故障叫修服務導入設施管理系統是社區智慧化管理必要的工作，傳統的設施故障叫修多透過物業服務中心報修，往往經過多日報修者無法得知處理進度也無法追蹤，而將設施故障叫修服務導入設施管理系統除可改善傳統以人工作業報修無效率且無法追蹤的缺失，同時也可讓社區住戶或管理人員在一發現設施故障時，隨手拿起手上的手機登入設施管理系統，或掃描 QR CODE 條碼登入設施管理系統，並將設施故障照片上傳便可立即線上報修，設施管理系統可以完整記錄設施故障叫修時間、設施故障工單接

[130] 資料來源：https://www.efpg.com.tw/ftc/zhtw/products/FEM.do

單時間、施工人員維修時間以及故障修繕完成時間，報修人員可以透過設施管理系統來追蹤整個故障修繕進度，大幅提升設施故障修繕效率以及住戶的滿意度，因此機電公司應協助社區將設施故障叫修服務導入設施管理系統。

物業報修管理系統

一分鐘創建物業報修系統，讓掃碼報修更簡單！

掃碼報修	消息提醒	報修統計	手機操作
無需記住單位維修人員電話，掃碼提交工單，簡單及方便。	用户提交報修單後，系統提醒管理員分配工單，技術簡單提醒。	技術員和管理員分別查看本單位完成工單總款，未處理，處理中。	用户、管理員、技術員可通過手機進行報修，分配，接單，評價等。

物業故障叫修系統功能示意圖[131]

三、將設施故障報修資訊建置於設施管理系統

設施故障報修資訊是社區管理非常重要的資料，基本上設施故障報修可以分成兩類：(1) 駐點機電人員修繕：大型設區通常會有派駐於社區現場的駐點機電人員，因此像是更換燈具或插座等簡易修繕可由駐點機電人員於收到故障報修單後立即進行修繕。(2) 委外報修：有些設施故障是駐點機電人員無法現場修繕處理，例如發電機故障，這時候就需要委外請專

131 資料來源：https://m.yisu.com/zixun/14453.html

業發電機廠商來報價修繕。完整的設施故障報修資訊可提供社區建構長期修繕計畫參考，因此機電公司應協助社區將設施故障報修資訊完整建置於設施管理服務系統。

單元 6

環保與園藝公司的專業服務工作內容

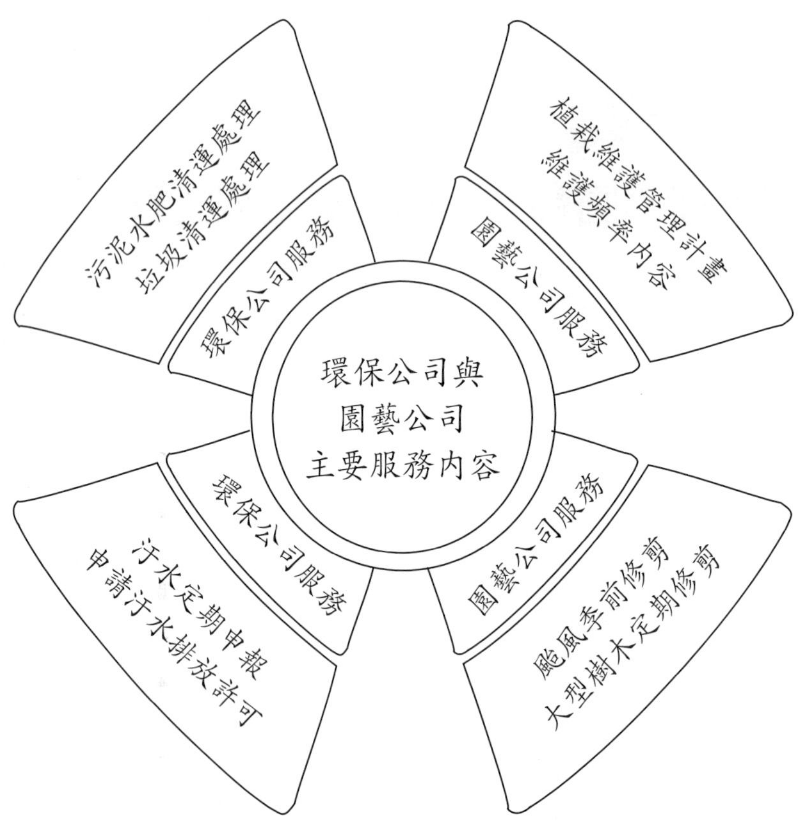

環保與園藝公司責任與主要服務內容架構圖

環保與園藝公司服務社區有哪些專業服務內容呢？ 環保與園藝公司需執行之重要業務大致上可以分成如下幾類：「環保公司的廢棄物清運服務」以及「園藝公司的環境綠美化服務」，將分別說明如後數小節。

課題 6.1

環保公司的服務內容與責任

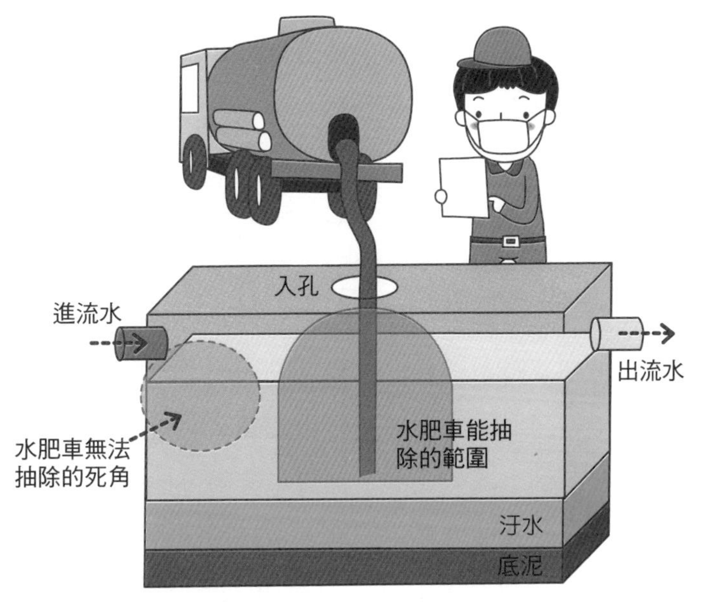

環保公司的的服務內容與責任有哪些呢？

小叮嚀：基本上環保公司的服務內容與責任最重要的是「汙水處理設施汙泥或水肥清理」以及「協助汙水處理設施操作維護管理與定期申報」以確保汙水處理設施能正常運作。當然「垃圾清運」以及「協助社區申請汙水排放許可證」也是環保公司的重要責任。

環保公司服務內容與責任主要可分爲針對「垃圾清運」、「汙水處理設施汙泥或水肥清理」、「協助汙水處理設施操作維護管理與定期申報」以及「協助社區申請汙水排放許可證」等四個面向的維護管理責任，茲說明如下。

一、垃圾清運

由於每天都會有許多垃圾產生，所以垃圾清運也是社區管理上的一項重要工作，但很多人會誤以爲垃圾清運是清潔公司的責任，但實際上並非如此，基本上目前社區有兩種型態的垃圾清運模式：(1) 公所清潔隊清運：社區垃圾若是委由公所清潔隊來清運時，管委會必須要求所有住戶必須配合自費購買政府販售的專用垃圾袋來放置家庭廢棄物或垃圾，這種模式的優點是住戶會比較主動將垃圾做好分類，可以資源回收的垃圾會增加，廢棄物的垃圾量會減少，而且社區不用額外支付垃圾清運費用給公所清潔隊，可大幅節省社區垃圾清運費用。(2) 環保公司清運：社區垃圾若是沒有必須使用政府的專用垃圾袋來放置廢棄物，那就必須找環保公司來負責清運，這種模式唯一的優點是住戶不需要另外花錢購買專用垃圾袋，缺點則是住戶往往不會認眞將垃圾做好分類，因此廢棄物的垃圾量會暴增，社區垃圾清運費用也會暴增。垃圾清運費用一般多以重量計算，目前 1 公噸的清運費用落在 5 千到 1 萬元之間，而近年來部分地區焚化爐垃圾處理量能不足，多餘垃圾必須運往外縣市處理，所以環保公司運費成本增加故陸續調整，以新北市爲例就有某一社區反映 2021 年來業者將清運費用從每公噸 4500 元調高到 7000 元[1]。因此近年來找環保公司清運費用一直在漲價，所以建議由環保公司清運垃圾的社區應該要要求住戶發揮公德心做好垃圾分類，把可資源回收的垃圾徹底從廢棄垃圾中拿出來，除了可以減少社區垃圾清運費用，也可舉手之勞做環保，並可配合政府推動資源回收制度推動資源回收四合一計畫（如下圖所示）。

1 資料來源：https://news.ltn.com.tw/news/life/breakingnews/3783697

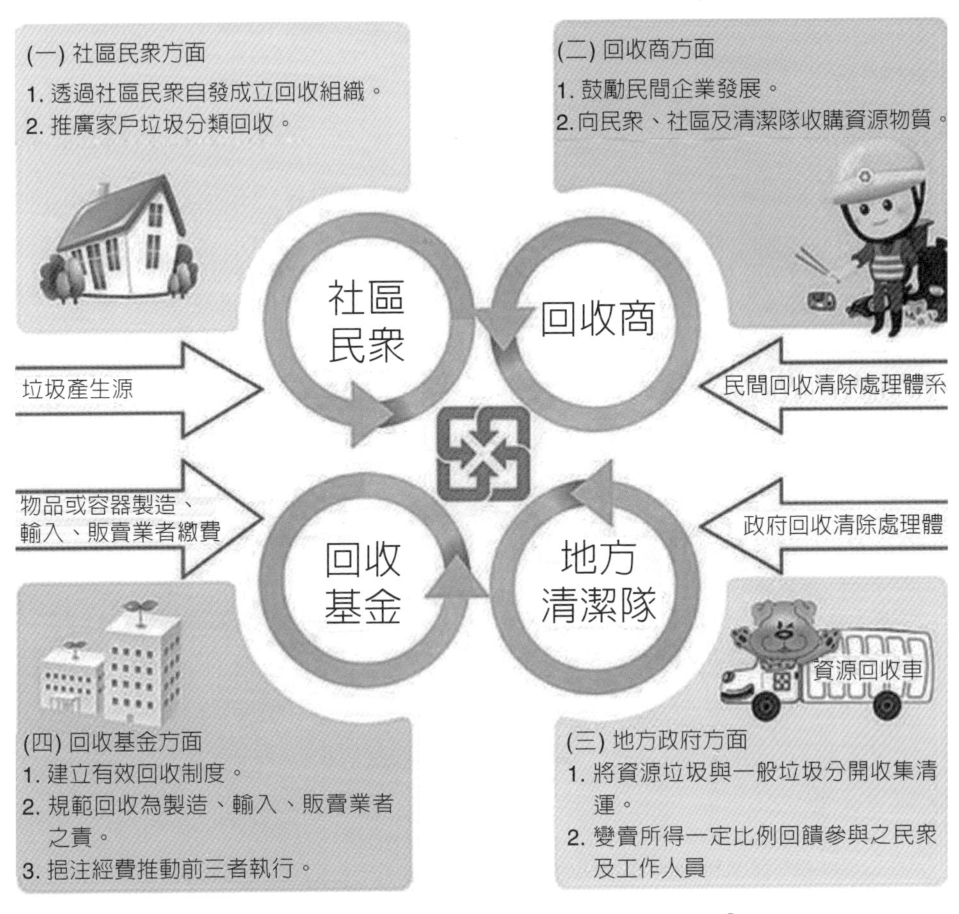

資源回收制度推動資源回收四合一計畫示意圖[2]

二、汙水處理設施汙泥或水肥清理

社區汙水管若是沒有接管汙水下水道系統，依法必須設置汙水處理設

2　資料來源：https://hwms.epa.gov.tw/dispPageBox/pubweb/pubwebCP.aspx?ddsPageID=THREE&dbid=3593712072

施（其處理方式如下汙水處理系統處理流程圖所示），其汙水處理設施汙泥及化糞池汙物依法必須定期清理，依據水汙染防治法第 25 條第 2 項公告「建築物汙水處理設施建造、清理及管理規定」，第 3 項「建築物汙水處理設施之所有人、使用人或管理人，應依建築物汙水處理設施設計功能定期執行管理及清理，其設計功能不明者，應每年至少管理及清理一至二次。」，所以社區必須委託合法的環保公司每年至少清理汙水處理設施汙泥及化糞池汙物一至二次。

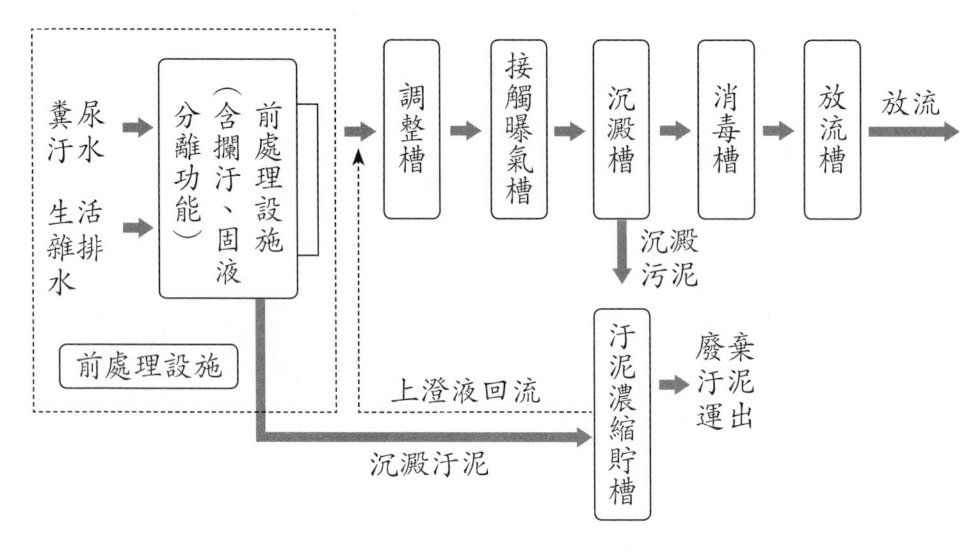

社區專用汙水處理系統處理流程圖[3]

三、協助汙水處理設施操作維護管理與定期申報

社區汙水管若是沒有接管汙水下水道系統，則汙水處理設施操作紀錄

3 資料來源：社區專用汙水下水道系統操作管理手冊，行政院環保署編著

依法必須定期申報，依據水汙染防治法第 22 條規定：事業或汙水下水道系統應依主管機關規定之格式、內容、頻率、方式，向直轄市、縣（市）主管機關申報廢（汙）水處理設施之操作、放流水水質水量之檢驗測定、用電紀錄及其他有關廢（汙）水處理之文件（社區專用汙水下水道系統放流水水質項目及限值如下表所示）。所以社區少於 500 戶者，社區原汙水與放流水水質檢測及申報頻率爲每年檢測 1 次，所以社區必須委託合法的環保公司協助汙水質檢測及申報；若社區規模超過 500 戶者，社區原汙水與放流水水質檢測及申報頻率每 6 個月檢測 1 次，而且還必須設置廢（汙）水處理專責人員負責廢（汙）水處理設施之維修及保養與定期申報。

社區專用汙水下水道系統放流水水質項目及限值一覽表

適用範圍	項目		限值	備註
共同適用	水溫	排放於非海洋之地面水體者	攝氏三十八度以下（適用於五月至九月）	
			攝氏三十五度以下（適用於十月至翌年四月）	
		直接排放於海洋者	放流口水溫不得超過攝氏四十二度，且距排放口五百公尺處之表面水溫差不得超過攝氏四度	
	氫離子濃度指數		六・0—九・0	

適用範圍	項目		限值	備註
	硝酸鹽氮		五0	
	氨氮	排放於自來水水質水量保護區內者	一0	
	正磷酸鹽（以三價磷酸根計算）	排放於自來水水質水量保護區內者	四・0	
	陰離子界面活性劑		一0	
	油脂（正己烷抽出物）		一0	
	溶解性鐵		一0	
	溶解性錳		一0	
	鎘		0・0三	
	鉛		一・0	
	總鉻		二・0	
	六價鉻		0・五	
	甲基汞		0・00000二	
	總汞		0・00五	
	銅		三・0	
	鋅		五・0	
	銀		0・五	
	鎳		一・0	
	硒		0・五	
	砷		0・五	
	硼	排放於自來水水質水量保護區內者	一・0	

適用範圍	項目		限值	備註
		排於於自來水水質水量保護區外者	五・0	
流量大於二五0立公尺／日	生化需氧量		三0	
	化學需氧量		一00	
	懸浮固體		三0	
	大腸桿菌群		二00、000	
流量二五0立公尺／日以下	生化需氧量		五0	
	化學需氧量		一五0	
	懸浮固體		五0	
	大腸桿菌群		三00、000	

四、協助社區申請汙水排放許可證

社區汙水管若是沒有接管汙水下水道系統，則汙水排放必須依法定期申請汙水排放許可證，依據水汙染防治法第 14 條第 1 項公告「事業排放廢（汙）水於地面水體者，應向直轄市、縣（市）主管機關申請核發排放許可證或簡易排放許可文件後，並依登記事項運作，始得排放廢（汙）水。」，第 15 條第 1 項「排放許可證及簡易排放許可文件之有效期間爲五年。期滿仍繼續使用者，應自期滿六個月前起算五個月之期間內，向直轄市、縣（市）主管機關申請核准展延。每次展延，不得超過五年。」所以社區必須委託合法的環保公司每五年辦理一次排放許可證或簡易排放許可文件，並於汙水放流口張貼告示牌如下圖所示，或於五年期滿辦理排放許可證展延，排放許可證展延申請如下排放許可證展延申請期間範例示意圖所示。

大於 32 公分

事業或污水下水道系統名稱：XXXX 社區

放流口

管制編號：Nxxxxxxx（無管編者不用）
放流口編號：D01
座標：（例如 25.038021，121.508882）
最大日排放水量：（核準汙水排放量）CMD

大於 15 公分

汙水放流口告示牌示意圖[4]

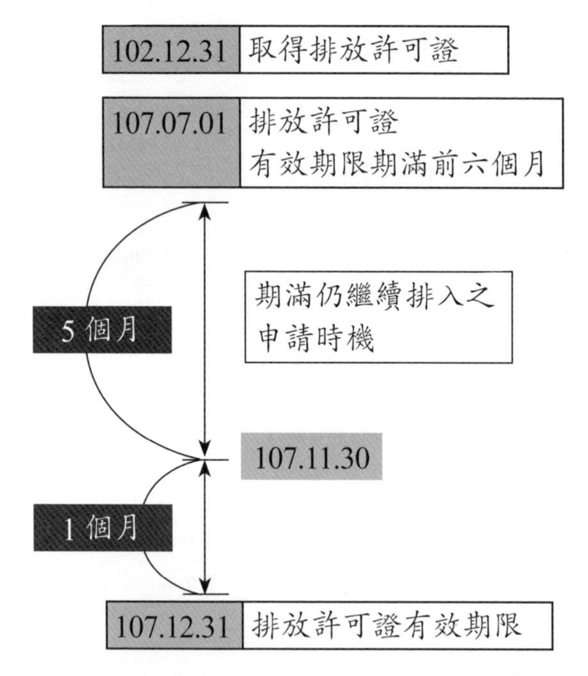

排放許可證展延申請期間範例示意圖[5]

---

4 資料來源：社區專用汙水下水道系統操作管理手冊，行政院環保署編著
5 資料來源：社區專用汙水下水道系統操作管理手冊，行政院環保署編著

課題 6.2 園藝公司的服務內容與責任

園藝公司有哪些服務內容與責任呢？

小叮嚀：基本上園藝公司的植栽綠美化維護管理責任，最重要的是「擬定植栽維護管理施行計畫」，以確保所有植栽能常保綠意盎然及活力旺盛，維持社區優質的綠美化環境。當然「大型樹木颱風季前定期修剪」也是園藝公司的重要責任，以避免被颱風吹得連根拔起或傾倒，衍生壓傷人、車或建築物等意外。

現代建築多標榜綠建築，不論是否取得綠建築標章，通常都會規劃一樓歐式花園或頂樓空中花園等植栽綠美化設施，通常建商剛交屋時這些植栽都被照顧的生機盎然，但若疏於照顧一段時間過後是雜草叢生諸多植栽或樹木枯死，因此委託園藝公司妥善照顧好這些植栽方能維持社區優質的綠美化環境。園藝公司綠美化維護管理的責任主要可分爲針對「擬定植栽維護管理施行計畫」以及「大型樹木颱風季前定期修剪」等兩個面向的維護管理責任，茲說明如下。

一、擬定植栽維護管理施行計畫

植栽維護項目包含撫育、修剪、整枝、除草、澆水、施肥、病蟲害防治、防災、支架之檢查與更換等，必須有完整的維護管理施行計畫方能確保所有植栽能常保綠意盎然及活力旺盛，相關維護管理內容茲整理如下：(1) 維護頻率：將所需維護管理的植栽項目依據社區植栽種類現況，進行維護管理施行「單次」或「季」或「年度」的作業計畫。(2) 編訂各單項「維護管理內容」：何時進行檢查、整枝或修剪或剪定、何時強剪、何時弱剪、何時可以移植等，以便於與管委會或物業管理人員進行溝通與聯繫[6]（景觀植栽維護管理概論，李碧峰）。

二、大型樹木颱風季前定期修剪

有些建商在社區綠美化植栽會標榜「樹海」，所以會在社區一樓開放空間大規模種植大型樹木植栽形成一片「樹海」，然而台灣每年幾乎都會有颱風，有些大型樹木生長速度很快，若是枝葉過於茂盛一旦颱風來襲，大型樹木往往會被颱風吹得連根拔起或傾倒，除了造成社區損失往往

---

6 資料來源：https://docsplayer.com/23008165-%E6%BA%90%E8%87%AA-%E6%99%AF%E8%A7%80%E7%B6%AD%E8%AD%B7%E7%AE%A1%E7%90%86%E6%89%8B%E5%86%8A-%E6%9D%8E%E7%A2%A7%E5%B3%B0%E8%91%97.html

也會衍生壓傷人、車或建築物等意外，因此大型樹木颱風季前應定期修剪。相關修剪應注意內容茲整理如下：(1) 依樹木生長狀況、樹種的生長期和休眠期，判斷使用強剪或弱剪。(2) 先決定要將樹型修成什麼樣的形狀，再由主枝的基部由內向外修剪，先剪大枝再剪小枝條。(3) 修剪過度緊密的枝條，避免樹枝加粗生長後相互擠壓。(4) 修剪的切口應平整，以利癒合。(5) 修剪前先判定十二不良枝，了解不良枝的成因及位置再進行修剪。(6) 主幹、主枝、次主枝、頂梢，非必要不得修剪[7]。

7　資料來源：https://yitreemantw.com/1581/tree-pruning/?gclid=CjwKCAjwnZaVBhA6EiwAVVyv9BVs3-BLE4mWP8Plxs0TgByWmTQidhbumZ-SiPXf1k9GXgrr7m-pgRoCN5YQAvD_BwE

參考文獻

1. 陳建謀，林宗嵩，林世俊，蕭寬民，陳俐茹，2009，「物業管理資訊系統理論與實務」，新文京開發出版（ISBN 978-986-236-021-7）。
2. 張坤海，從集合住宅管理與維護觀點探討共用建築設備自主管理機制建立之研究，國立臺北科技大學建築與都市設計研究所碩士論文，2014。
3. 王瑞慶，消防安全設備檢修常見缺失與改善策略研究，中華大學營建管理學系碩士班碩士論文，2015。
4. 陳明章，保全業之核心能耐及管理機會方格之建構—以永尉保全公司集合式住宅駐衛保全爲例，國立中興大學高階經理人碩士在職專班碩士論文，2016。
5. 王若芷，系統保全服務創新—導入物聯網之個案探討，國立高雄應用科技大學企業管理系碩士在職專班碩士論文，2017。
6. 郝文全，集合住宅防火區劃貫穿管件防火填塞種類及施工法配套之研究，華夏科技大學資產與物業管理系碩士在職專班碩士論文，2018。
7. 王凱淞，2020，「居家害蟲防治技術」，新文京開發出版。
8. 臺北市政府建築管理工程處，2021，「臺北市公寓大廈安全管理與環境清潔維護參考手冊」，臺北市政府出版。資料來源網址：https://dba.gov.taipei/News_Content.aspx?n=00EAE56E5B1F7DC9&sms=28F63BFA0F6FBEF3&s=FA16393BB8164BD2。

國家圖書館出版品預行編目資料

社區住戶與物業公司的權利與義務：如何挑選優質的物業服務公司／陳建謀, 陳俐茹著. 一一初版. 一一臺北市：五南圖書出版股份有限公司, 2022.11
面； 公分
ISBN 978-626-343-423-3（平裝）

1.CST: 物業管理服務業 2.CST: 物業管理

489.1 111015818

5H15

社區住戶與物業公司的權利與義務—如何挑選優質的物業服務公司

作　　者— 陳建謀（253.9）、陳俐茹
發 行 人— 楊榮川
總 經 理— 楊士清
總 編 輯— 楊秀麗
副總編輯— 王正華
責任編輯— 金明芬
封面設計— 王麗娟
出 版 者— 五南圖書出版股份有限公司
地　　址：106台北市大安區和平東路二段339號4樓
電　　話：(02)2705-5066　　傳　　真：(02)2706-6100
網　　址：https://www.wunan.com.tw
電子郵件：wunan@wunan.com.tw
劃撥帳號：01068953
戶　　名：五南圖書出版股份有限公司
法律顧問　林勝安律師事務所　林勝安律師
出版日期　2022年11月初版一刷
定　　價　新臺幣520元